丘陵山区迈向绿色高效农业丛书

现代薯蓣类农作物种植实用技术问答

彭金波　瞿勇　费甫华◎主编

XIANDAI
SHUYU LEI NONGZUOWU ZHONGZHI
SHIYONG JISHU WENDA

长江出版传媒　湖北科学技术出版社

《现代薯蓣类农作物种植实用技术问答》

编委会

主　　编　彭金波　瞿　勇　费甫华

副 主 编　吴金平　李念祖　程　群　徐小燕

编写人员（按姓氏笔画排序）

丁自立　王　甄　叶兴枝　吕　敏　刘永清

汤万香　陈巧玲　杨国才　肖春芳　吴金平

李念祖　宋威武　张等宏　周　洁　尚　淼

费甫华　徐小燕　徐　怡　矫振彪　黄新芳

彭金波　彭慧雯　彭娅捷　韩玉萍　程　群

鄢华捷　廖文月　谭　澍　瞿　勇

前言

按照2018年中央一号文件精神要求，深入推进农业供给侧结构性改革，进一步加快推进农业特色产业优化结构与做强做大和转型升级与提质增效，促进农业产业高质量发展及农业增效、农民增收、农村增绿，不断提高农业综合效益和竞争力，是当前和今后一段时期我国农业特色产业发展的重要方向。

蔬菜产业是农业特色产业的重要组成部分，也是精准扶贫与精准脱贫和农民持续增收致富的重要产业。强化农业科技创新驱动与引领作用，保障农业科技的有效供给，不断满足各方对农业科技知识的需求，是培育农业新动能、壮大农村新产业新业态、提高农业供给质量的有效一环。不断创新蔬菜产业技术，让广大农民掌握蔬菜产业技术，大力发展蔬菜专业合作组织，着力培育新型农业经营主体和服务主体，发展一批多种形式的效益好、技术新、带动力强的适度规模经营的蔬菜产业示范村、示范园、家庭农场或科技示范户等，加快蔬菜科技新技术、新模式、新成果向现实生产力转化。

本书是编者根据多年来从事薯蓣类农作物品种繁育、高产高效栽培、病虫害防治、种薯（茎）贮运等技术研究及推广的实践经验，并参考借鉴国内外相关作物科技研究的最新成果和大量翔实资料汇编而成的。全书结合当前生产实际，主要围绕丘陵山区马铃薯、山药、甘薯、芋头和生姜等薯蓣类农作物现代农业绿色高效生产实用技术，详细介绍了5种薯蓣类农作物的种植分布区域、新品种应用与良种繁育、丰产栽培技术及高效栽培模式、轻简化省力设施设备技术应用、主要病虫害防控技术、种薯（茎）安全贮运及加工技术等内容。针对农民关心与实际生产中遇到的问题，提出了相应的技术措施和解决办法，重点阐述了上述薯蓣类农作物产前、产中及产后等方面的关键新技术、新品种、新模式的应用方法。

本书以问答的形式向读者展现了现代薯蓣类农作物种植的各项技术与技能，内容系统全面，图文并茂，注重理论联系实际，语言通俗易懂，技术科学实用，反映了当前主要薯蓣类农作物产业技术的最新成果，适合广大薯蓣类农作物种植者、基层农业技术推广人员学习使用，也可供农业院校和科研院所从事相关专业的人员阅读参考。

本书在编写的过程中，得到了湖北省宜昌市农业科学研究院、西南大学、湖北省农业科学院、湖北省恩施州土家族苗族自治州农业科学院、武汉市农业科学院、湖北民族学院、湖北省宜昌市夷陵中学等有关单位和部门的关心、支持和帮助，参考引用了国内外同行的专著、研究论文和研究成果，湖北科学技术出版社对本书出版发行给予了鼎力支持，在此对所有为本书的顺利出版发行提供无私帮助的单位与个人一并表示诚挚的谢意！

由于本书编写时间仓促，能力水平有限，书中难免有不足之处，敬请各位同行、读者批评指正。

编　者

2019 年 1 月

CONTENTS
目录

一、马铃薯种植实用技术

二、山药种植实用技术

三、甘薯种植实用技术

四、芋头种植实用技术

五、生姜种植实用技术

一、马铃薯种植实用技术

1 影响马铃薯生长的气候因素有哪些?

影响马铃薯生长的气候条件包括温度、水分和光照，在马铃薯生长和发育的不同时期对气候条件的要求不同。马铃薯生长发育需要较冷凉的气候条件，不适宜太高的气温和地温。马铃薯是喜光作物，也是需水较多的作物，茎叶含水量比较大，活植株的水分约占90%，块茎含水量也有80%左右，其植株的生长、形态结构的形成和产量的多少，与光照强度及日照时间的长短密切相关。

2 我国有哪些区域适合马铃薯的种植?

根据我国各地马铃薯栽培制度、栽作类型、品种类型及分布等，结合马铃薯的生物学特性，参照地理、气候条件和气象指标，将我国划分为4个马铃薯栽培区。

(1)北方一作区。包括东北地区的黑龙江、吉林两省和辽宁省除辽东半岛以外的大部分地区，华北地区的河北北部、山西北部、内蒙古，西北地区的宁夏、甘肃、陕西北部、青海东部和新疆天山以北地区。该区气象特点是无霜期短，一般为110～170天，年平均温度-4～10℃，大于5℃积温在2 000～3 500℃，年降雨量50～1 000毫米。该作区气候凉爽，日照充足，昼夜温差大，适于马铃薯生长发育，因而栽培面积较大，约占全国马铃薯总栽培面积的50%以上，是我国马铃薯主要产区。该作区种植马铃薯一般是一年只栽培一季，为春播秋收的夏作类型。每年的4—5月播种，9—10月收获。

(2)中原二作区。位于北方一作区南界以南，大巴山、苗岭以东，南岭、武夷山以北的各省，包括辽宁、河北、山西、陕西四省的南部，湖北、湖南两省的东部，河南、山东、江苏、浙江、安徽、江西等省。该区无霜期较长，180～300天，年平均温度10～18℃，年降雨量500～1 750毫米。该作区因夏季长，温度高，不利于马铃薯生长，为了躲过夏季的高温，故实行春秋两季栽培，春季生产于2月下旬至3月上旬播种，扣地膜或棚栽播种期可适当提前，5月至6月上中旬收获;秋季生产则于8月播种，到11月收获。春季多为商品薯生产，秋季主要是生产种薯，多与其他作物间套作。

(3)南方二作区。位于南岭、武夷山以南的各省(区),包括广东、广西、海南、福建和台湾等省(区)。该区无霜期在300天以上,年平均温度18～24℃,年降雨量1 000～3 000毫米。属于海洋性气候,夏长冬暖,四季不分明,日照短。本区的粮食生产以水稻栽培为主,主要在水稻收获后,利用冬闲地栽培马铃薯,因其栽培季节多在秋冬或冬春二季,与中原地区春秋二季作不同,故称南方二作区。该作区大多实行秋播或冬播,秋季于10月下旬播种,12月末至翌年1月初收获;冬季于1月中旬播种,4月上中旬收获。

(4)西南单、双季混作区。包括云南、贵州、四川、西藏等省(自治区)及湖南、湖北的西部山区。该区多为山地和高原,区域广阔,地势复杂,海拔高度变化很大。马铃薯在该作区有一季作和二季作栽培类型。在高寒山区,气温低、无霜期短、四季分明、夏季凉爽、云雾较多,雨量充沛,多为春种秋收一年一季作栽培;在低山、河谷或盆地,气温高、无霜期长、春早、夏长、冬暖、雨量多、湿度大,多实行二季作栽培。

3 马铃薯生长对土壤条件有何要求?

马铃薯对土壤适应的范围较广,最适合马铃薯生长的土壤是轻质壤土,因为块茎在土壤中生长必须要有足够的空气,保证呼吸作用顺利进行。相对来说,马铃薯是喜微酸性土壤的作物。土壤pH值为4.8～7.0时,马铃薯生长都比较正常;土壤pH值为5.64～6.05时,有增加块茎淀粉含量的趋势;但当土壤pH值在4.8以下时,土壤接近强酸性,则植株叶色变淡,呈现早衰、减产现象;土壤pH值在7以上时,则绝大部分不耐碱的品种产量大幅度下降;土壤pH值在7.8以上时,则不适于种植马铃薯,这类土壤种植马铃薯不仅产量低,而且不耐碱的品种在播种后不能发芽甚至死亡。

4 马铃薯不同生长期的需水量有何变化?

马铃薯是需水较多的作物,茎叶含水量比较大,活植株的水分约占90%,块茎含水量也有80%左右。在发芽期,芽条仅凭块茎内贮备的水分便能正常生长;在幼苗期,土壤水分应保持在田间最大持水量的50%～60%,有利于根系向土壤深层发展以及茎叶的茁壮生长;在发棵期,马铃薯需水量由少到多,占全生育期需水总量的1/3,前期应保持土壤水分在田间最大持水量的70%～80%,后期土壤水分应逐步降至60%,以适当控制茎叶生长;在结薯期,块茎膨大需要充分而均匀的土壤水分,占全生育期需水总量的1/2以上,土壤水分应保持在最大持水量的60%～80%;在收获期,土壤相对含水量降至50%左右,有利于马铃薯块茎周皮老化和收获贮藏。

5 马铃薯对氮、磷、钾三种营养元素的需求量有何不同?

马铃薯是高产作物,需要养分比较多。马铃薯是喜钾作物,对氮、磷、钾三大营养元素的需求量，与水稻、小麦等农作物不同的是，其吸收的钾素量最多，氮素次之，吸收量最少的是磷素。据资料介绍，每生产1 000千克马铃薯块茎，需要从土壤中吸收钾素11千克、氮素5千克、磷素2千克。其中，马铃薯吸收的氮素主要用于植株茎叶的生长，叶片是进行光合作用制造有机物质的关键部位，吸收的磷素主要用于根系的生长发育、干物质和淀粉的积累，吸收的钾素主要用于茎秆和块茎的生长发育。

6 马铃薯病毒病有哪些种类和症状？如何预防？

侵染马铃薯的病毒和类病毒有20多种，在我国危害最为严重的是马铃薯Y病毒（*Potato virus Y*，PVY）、马铃薯X病毒（*Potato virus X*，PVX）、马铃薯卷叶病毒（*Potato leaf roll virus*，PLRV）、马铃薯S病毒（*Potato virus S*，PVS）、马铃薯A病毒（*Potato virus A*，PVA）等。

不同病毒种类侵染在不同马铃薯品种上可引起不同症状，主要有以下4种类型。

（1）花叶型。叶面出现淡绿、黄绿和浓绿相间的斑驳花叶[有轻花叶、重花叶、皱缩花叶和黄斑花叶（图1）之分]或叶脉、叶柄出现褐色坏死斑，叶片基本不变小，或变小、皱缩，植株矮化，薯块较小。

图1　马铃薯黄斑花叶症状

（2）卷叶型。叶缘向上卷曲，甚至呈圆筒状，色淡，变硬革质化，有时叶背出现紫红色。

（3）丛生矮化型。植株明显矮化，分枝多而细，丛生，叶片变小，顶端叶片黄化，块茎小而多，或有坏死斑，或产生纤细芽。

（4）纺锤块茎型。分枝少而直立，叶片的色泽较浓，顶部叶片耸立，叶缘波状或

向上卷起，块茎变长，两端渐尖呈纺锤形，发病重的块茎表皮粗糙，有明显的龟裂。

对马铃薯病毒病的预防措施要从两方面着手：一是选用脱毒种薯。在海拔高的地区建立无病种薯繁育基地，通过各种检测方法淘汰病薯。二是采取防蚜避蚜措施。蚜虫是马铃薯病毒病最重要的传播介体，因此防治蚜虫对马铃薯病毒病的控制至关重要。与其他农艺措施相结合，可采用吡虫啉、抗蚜威、阿维菌素等药剂防虫，每隔 7 ～ 10 天喷一次，连续防治 2 ～ 3 次。拔除病毒株、铲除田间或周围杂草可消灭部分蚜虫，还可用黄板诱杀有翅蚜。

7 如何识别与防治马铃薯晚疫病？

马铃薯晚疫病可危害根、茎、叶、花、果、块茎和匍匐茎等各个部位，最显而易见的是叶片和块茎上的病斑。植株感染晚疫病后，一般在叶尖或边缘出现淡褐色病斑，病斑外围有褪绿色晕圈，随着湿度增加逐渐向外扩展。叶面如开水烫过一样，为黑绿色，叶背有白霉（图 2）。严重时全叶变为黑绿色，空气干燥时叶片枯萎，空气湿润时叶片腐烂。叶柄和茎秆上也会出现黑褐色病斑和白霉。块茎感病后，表皮出现褐色病斑，随着侵染程度加深逐渐向下凹陷并发硬。当温度较高、湿度较大时，病变可蔓延到块茎内的大部分组织。块茎在空气干燥、温度较低的条件下，表现为组织变褐，称为干腐型。随着其他杂菌的腐生，可使整个块茎腐烂，发出难闻的气味，成为湿腐型。

图 2　马铃薯晚疫病叶部初期症状

为了有效控制马铃薯晚疫病，需要从以下几个方面做好综合防治：一是选用抗耐病品种，适时早播。选用抗病品种是最经济有效的防治方法，对晚疫病具有较好抗耐性的马铃薯品种有鄂马铃薯 5 号、鄂马铃薯 7 号、鄂马铃薯 14、鄂马铃薯 16、黔芋 6 号、镇薯 1 号、云薯 505 等。选用早熟品种时可适当早播，能在一定程度上避开晚疫病的流行时间，从而减少损失。二是降低菌源，减少中心病株发生。种薯贮藏前，除充分晾晒和挑选外，还可用嘧菌酯、甲霜灵锰锌、霜脲锰锌、克露等药剂喷一次，尽量杀死附在种薯上的晚疫病菌。播种前，对薯块可用上述药剂进行拌种处理。三是深种深培，降低薯块侵染率。种薯播种时适当深播不但有利于芽苗生长，还可对块茎起到保护作用，使晚疫病菌不易侵染到块茎上。四是药剂防治，保护未感病茎叶。首先要做好晚疫病测报工作，适期进行药剂防治。一般在发病前3～5天喷第一次药，以后每隔7～10天喷一次，共喷3～6次药。前期选用保护性药剂，如代森锰锌、丙森锌、百菌清、醚菌酯、双炔酰菌胺等；发现中心病株后选用内吸治疗性药剂，如银法利、抑快净、克露、霉克多、阿克白等。为了减少抗药性的产生，不同药剂应交替轮换使用。同时，注意连片施药，统一防治。五是必要时提前割秧，减少病菌落地。在晚疫病流行年份，如果田间绝大部分植株已感病，应立即割掉感病茎叶并运出田外，既可减少病菌落地，还可通过阳光暴晒，杀死落土病菌，从而减少薯块的感染率。

8 马铃薯青枯病的症状有哪些？如何防治？

马铃薯青枯病在田间的典型症状是在一丛马铃薯中，一个分枝或几个分枝或植株茎叶出现急性萎蔫，其他枝叶仍保持青绿色（图3）。横切病株茎部可见维管束变褐，用手挤压有乳白色菌脓从切口溢出，此为病原细菌溢脓。块茎染病后，芽眼会出现灰褐色，严重的切开可以见到环状腐烂组织。

图3　马铃薯青枯病病株

对马铃薯青枯病的防治目前还缺乏有效的防治措施，主要以预防为主。一是建立无病繁种基地，生产无病种薯。种植无病种薯可有效防止或减轻青枯病的危害。将茎尖脱毒与种薯生产体系结合起来，建立无病种薯繁育基地。在种薯贮藏期间定期检查，挑出病薯，及时做销毁处理。二是采用小整薯播种，减少种薯间病菌传播。整薯播种要求薯块不宜过大，以40克左右为宜；若种薯较大时，可选择切块，但要注意切刀的消毒，可用75%酒精或0.3%高锰酸钾消毒，避免病菌随切刀传播给健康薯块。三是合理轮作。与十字花科或禾本科作物实行5年以上轮作，特别是南方地区，提倡马铃薯与水稻轮作。四是清洁田园，及时拔除病株。消灭田间杂草，浅松土，锄草尽量不伤及根部，减少根系传病机会等。病株一旦出现应立即拔除，连同泥土、块茎一起深埋或烧掉，并用生石灰或福尔马林等灌株。五是药剂防治。在发病田块，播种时可选用噻唑锌或氟唑菌苯胺药剂拌种处理，发病初期可使用氢氧化铜、噻霉酮、敌磺钠等药剂喷雾或灌根防治。

9 马铃薯早疫病与晚疫病的症状有何不同？如何防治？

马铃薯早疫病和晚疫病都可以危害叶片、茎秆和薯块。与晚疫病在马铃薯叶片背面形成白色霉层等症状不同的是，早疫病侵染马铃薯后在叶片上开始出现小斑点，以后逐渐扩大，病斑干燥，为圆形或卵形（图4），通常是黑色的同心轮纹，像树的年轮，又像“靶板”，一般从植株下部较老的叶片开始发病。

图4 马铃薯早疫病叶部病斑

对马铃薯早疫病的防治应以预防为主，综合防治。一是选用丰产抗病品种。尽管没有免疫或高抗的马铃薯品种，但不同品种间对早疫病的感病程度不同，如东农303、晋薯7号等较抗病。二是实行轮作倒茬，清理田园。将病残体及时运出地外掩埋，以减少侵染菌源，延缓发病时间。三是施足肥料，加强管理。选择土壤肥沃的田块，增施钾肥，使植株生长健壮旺盛，提高寄主抗病能力。四是药剂防治。在植株封垄时结合预防晚疫病喷施代森锰锌等保护性药剂。发病初期喷施内吸治疗性药剂，如阿米妙收、苯醚甲环唑、金力士、腐霉利等。每隔7～10天喷一次，连续喷2～3次。

10 如何区别马铃薯粉痂病和马铃薯疮痂病？防治方法有哪些？

马铃薯粉痂病和马铃薯疮痂病均发生于马铃薯的地下部分。前者为真菌性病害，受害块茎最初出现针头大小、微微隆起的褐色病斑，逐渐扩大至表皮破裂后，散发出大量褐色粉状物，皮下组织呈橘红色，病斑凹陷，露出空洞，形成粉痂状病斑，外围有木栓质晕环；后者为细菌性病害，开始在块茎表皮产生不规则褐色斑点，表面粗糙，以后逐渐扩大，破坏表皮组织，病斑中部下凹或凸起，形成疮痂状褐斑（图 5）。

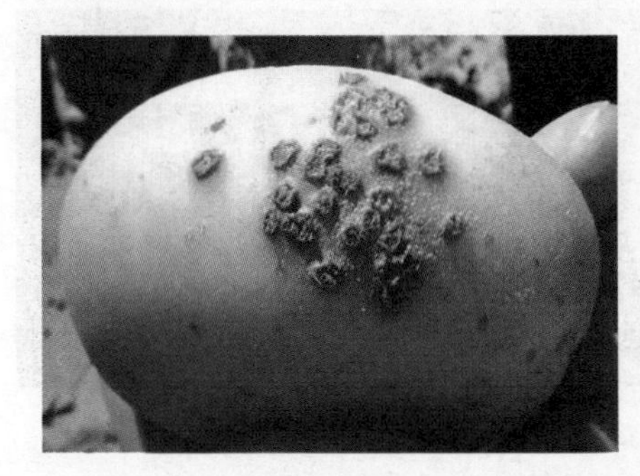

图 5　马铃薯粉痂病和疮痂病病薯

以上两种病害均属于土传性病害，发生后不易控制，因此对该类病害的防治应以预防为主。首先是严格执行检疫制度，调种前严格检测种薯，不从病区调种。其次是建立无病留种田，选留无病种薯。把好收获、贮藏、播种关，淘汰病薯，必要时可用 2%盐酸溶液或 40%福尔马林 200 倍稀释液浸种 5 分钟，或用 40%福尔马林 200 倍稀释液将种薯浸湿，再用塑料布盖严闷 2 小时，晾干后播种。同时，配套合理使用农艺措施，加强田间管理，如合理轮作、深沟垄作、适当增施基肥或磷钾肥、中和土壤酸碱性。

11 什么是马铃薯生理性病害？主要有哪些种类和症状？

马铃薯生理性病害（图 6）是指在马铃薯生产发育过程中由非生物的不良化学因素和物理因素引起的一类病害，病害在马铃薯不同的个体间不能互相传染，也称为非侵染性病害或生理性病害，能不同程度地降低马铃薯的产量和质量。

就其发生原因、症状表现的部位和时期，马铃薯生理性病害可分为不良气候造成的生理病害、块茎外部的生理病害和块茎内部的生理病害等。不良气候造成的生理病害有低温冷害、高温热害等，可造成茎叶生长畸形；块茎外部的生理病害主要有块茎绿化、二次生长、裂沟等；块茎内部的生理病害主要有块茎空心、褐色心腐、黑色心腐、干腐、水薯及内部黑斑等。为了预防马铃薯生理性病害的发生，须在马铃薯生长期和贮藏期做好科学管理。

图6　马铃薯生理性病害

12 蚜虫对马铃薯的危害有哪些？如何防治？

蚜虫对马铃薯的危害分为直接危害和间接危害(图7)。直接危害是指蚜虫群居在叶子背面和幼嫩的顶部取食,刺伤叶片吸收汁液,同时排泄出的一种黏性化学物会堵塞气孔,使叶片皱缩变形,幼嫩部分生长受到妨碍,能直接影响产量。间接危害是指蚜虫在取食过程中,把病毒传给健康植株,不仅引起病毒病,造成退化现象,还使病毒在田间扩散,使更多植株发生退化,比直接危害造成的损失更严重。

图7　马铃薯蚜虫危害症状

对马铃薯蚜虫的防治主要有以下措施:一是铲除田间、地边杂草,有助于切断蚜虫中间寄主和栖息场所,消灭部分蚜虫,减少蚜源和毒源。二是掌握蚜虫迁飞规律，如选用早播种或进行错茬播种等方法，躲过蚜虫迁飞和危害高峰期，减轻蚜虫传毒。三是在有翅蚜向马铃薯田块迁飞时，在田间插上涂有机油的黄板，诱杀蚜虫，还可以采用银灰色膜驱避蚜虫，减少有翅蚜的迁入传毒。四是在有蚜株率为5%时，可选用吡虫啉、抗蚜威等药剂进行喷雾防治，间隔7～10天喷一次，连续喷2～3次；或在越冬期，在越冬寄主上喷洒矿物油防治越冬虫卵。喷药的次数和施用的农药种类，应考虑虫量和保护天敌，要掌握早期检查及早防治的原则。五是人工饲养和释放瓢虫、草蛉等蚜虫天敌，减轻蚜虫危害。

13 马铃薯瓢虫的防治方法有哪些？

马铃薯瓢虫又称为二十八星瓢虫，其成虫、若虫均可取食叶片、果实和嫩茎（图8）。为了有效防治马铃薯瓢虫，应从农业措施、物理措施、化学措施等多方面进行综合防治。一是选择重点区域进行防治，如早播田、水田、湿地、高秆作物套种田以及距荒山坡较近的马铃薯田块，防止虫害扩散蔓延。或适当推迟播种，免遭群集危害。二是利用成虫的假死性，可以折打植株，捕捉成虫。或人工摘除叶背上的卵块和植株上的蛹后集中杀灭。三是利用其群集习性，及时清除田园的杂草和残株等越冬场所，消灭越冬成虫。四是可选用氯氟氰菊酯、氰戊菊酯、辛硫磷等进行药剂防治。在幼虫未分散时进行药剂防治，可有效消灭虫体数；在成虫盛发期进行喷药防治，可起到杀一灭百的作用。因幼虫多分布于叶背，施药时注意将药剂喷向叶背。如施药2次以上，则最好以有机磷和菊酯类药剂交替使用，防止马铃薯瓢虫产生抗药性。

图8 马铃薯瓢虫及危害症状

14 马铃薯地下害虫的主要种类及其防治方法？

马铃薯地下害虫主要有小地老虎、蛴螬、蝼蛄和金针虫，其中除了蝼蛄的成虫和若虫均可危害马铃薯以外，其他三种害虫主要以幼虫对马铃薯形成侵害（图9）。

对马铃薯地下害虫的防治，要在以保护环境的前提下，科学合理地开展综合防

治。一是实行水旱轮作、合理轮作，配套精耕细作、深耕多耙等农业措施，深秋或初冬翻耕土壤，破坏地下害虫越冬场所，减少越冬数量，减轻下一年危害；夏季结合夏锄，挖窝灭卵，减轻危害。二是清除田间、田埂和地边等附近杂草，并在作物幼苗期或幼虫1～2龄期结合松土，减少幼虫和虫卵数量。三是加强水肥管理。提倡使用腐熟的有机肥，避免施用未腐熟的厩肥，提高植株抵抗力；或施用碳酸氢铵、腐殖酸铵等化学肥料，利用其散发出的氨气趋避害虫。在蛴螬发生区，在不影响作物生长发育的前提下，适当保持过干或过湿的环境，能在一定程度上降低虫源，减轻虫害。四是在小地老虎幼虫发生期，可将新鲜泡桐叶浸泡后于傍晚放入菜田中，次日清晨进行捕捉灭杀；或在发现幼苗被咬断的地方，挖出被害植株及附近土壤，人工捕捉幼虫。在成虫盛发期，可利用黑光灯或糖醋液进行诱杀。五是在虫害发生严重的地区，采用药剂拌种、拌毒土或灌根处理。药剂拌种可选用辛硫磷乳剂。制毒土时，每667平方米可用3%辛硫磷颗粒剂4～5千克或1%敌百虫粉剂3～4千克等加干细土充分拌匀，顺垄撒于沟内或在中耕时撒于苗根部。灌根处理时可用40%辛硫磷乳油500倍稀释液或25%亚胺硫磷乳油250倍稀释液或4.5%高效氯氰菊酯乳油2 000倍稀释液等进行防治，可兼治其他地下害虫。六是在成虫盛发期，撒施毒饵诱杀。可将麦麸、秕谷或玉米炒香后，每1千克拌入90%敌百虫30倍稀释液，做成毒饵，在害虫活动的地点于傍晚撒在地面上毒杀。

图9 马铃薯地下害虫

15 什么是马铃薯退化？生产中如何防止马铃薯退化？

马铃薯随着种植年限的增加，植株生长势衰退，株型变矮，叶面皱缩，出现黄绿相间的嵌斑，甚至叶脉坏死，直至整个复叶脱落，薯块变小，产量逐年下降，这种现象称为马铃薯退化。由于病毒的侵入，制造养分的器官被病毒干扰和破坏，植株生长失常，造成大幅度减产。

马铃薯退化有内因和外因两方面因素。内因是指马铃薯品种的抗逆性，即抗病毒和抗高温的能力。外因是指环境因素，即病毒、高温、营养等。导致马铃薯退化的主要因素是品种的抗逆性不强和种薯的生活力降低，病毒与高温只是外因。引起马铃薯退化的直接外因是病毒，病毒通过内因起作用，才能引起马铃薯退化。高温是引起马铃薯退化的间接外因，高温不仅致使植株生长势衰弱，耐病力下降，还有利于病毒的繁殖、侵染和在植株体内扩散，加重病毒的危害，加速马铃薯退化。解决马铃薯退化问题，首先要选择抗病性强的品种，同时要创造一个既有利于提高马铃薯种性又能削弱病毒侵染与致病力的栽培条件，才能延缓或防止马铃薯退化。生产中防止马铃薯退化的措施如下：

（1）选用抗病品种。加大抗病毒品种的选育力度，积极引进和推广新的抗病毒品种，是防止退化的有效措施。

（2）有效避蚜留种。在种薯生产过程中及时防蚜、避蚜，从蚜虫迁飞期开始，每隔 10 天左右用 50%抗蚜威可湿性粉剂 1 000 ～ 2 000 倍稀释液或 20%氰戊菊酯乳液 2 000 倍稀释液喷施一次种薯田，直到收获前 15 天左右为止。春季种薯生产基地应设在土壤疏松肥沃、春季凉爽、风大、雾大、蚜虫发生偏迟、虫口量小的高海拔地区，或利用银灰色网避蚜等技术，断绝蚜虫传病毒途径，可收到良好效果。

（3）茎尖培养脱毒苗。通过茎尖培养、变温热处理、培养基中添加病毒生长抑制剂等一系列物理、化学、生物或其他技术措施，获得无毒苗，是目前国内外解决马铃薯品种退化、产量降低、品质下降的最有效措施。

（4）小整薯播种。用小整薯播种，可有效避免种薯切块时切刀传毒、传菌。

（5）改进栽培技术。采用适宜的栽培技术，如选择深厚疏松肥沃的沙壤土种植、药剂浸种、水肥管理、合理密植和适时收获，都可促进植株健壮生长，增强抗退化能力，减少田间病毒，防止退化。

（6）加强贮藏期管理。种薯贮藏期要避免薯块受高温影响或低温冻害，预防薯块失水皱缩、过早萌芽、损耗养分、病虫危害，以防止种薯退化。

16 导致马铃薯种薯退化的主要病原类型是什么？其传染途径是怎样的？

引起马铃薯退化的主要病原类型有三种：病毒、类病毒、类菌原质体，其中病毒和类病毒的累积性感染是导致马铃薯种性退化的最主要原因。病原的传染途径有汁液接触传播和昆虫传播两种。病毒和类病毒具有这两种传染方式。媒介昆虫主要是蚜虫（桃蚜），蚜虫传毒分为非持久性、半持久性和持久性三类，其次是叶蝉。而类菌原质体多为叶蝉或土壤线虫传播。

17 如何通过茎尖获取脱毒组培苗?

选择健康薯块，在 30 ～ 34℃下催芽，当薯块长出 4 ～ 5 厘米壮芽时，从块茎上选取数个苗壮健康的芽进行表面消毒，在超净工作台内，把幼芽置于解剖镜下，用镊子夹住茎部，用解剖针剥离包被茎尖的叶片，用手术刀剥取带有 1 ～ 2 个叶原基、长 0.2 ～ 0.5 毫米的茎尖分生组织，接种到茎尖培养基上，置于培养室内培养，待茎尖膨大变绿后转入 MS 培养基上培养，当苗长至 5 ～ 6 片叶时，进行病毒检测，确定不带病毒的即为脱毒组培苗。

18 影响茎尖脱毒效果的因素有哪些?

(1)剥离茎尖的大小。剥离茎尖的大小是影响脱毒率和成活率的重要因素。离体茎尖越大，越易成活，但脱毒率低；相反，茎尖越小，脱毒率越高，但成苗率低。一般以带有 1 ～ 2 个叶原基且尽量少带生长点邻近组织为好，这样茎尖既有一定的成苗率，也能脱去大多数病毒。

(2)品种差异。不同马铃薯品种的茎尖在相同的培养基和培养条件下，其成苗率差异大。有的品种成苗快且成苗率高，有的品种很难获得再生植株。

(3)取芽部位。顶芽的脱毒效果比侧芽好，生长旺盛的芽比休眠芽或即将进入休眠的芽好。

(4)病毒种类。病毒的种类不同，茎尖组织培养脱毒的难易程度不同，单一病毒侵染的植株脱毒较容易，而复合侵染的植株脱毒较难。

(5)培养基。选择合适的培养基可显著提高获得完整植株的成功率。一般选用浓度为 2%～ 4%蔗糖或葡萄糖为碳源，使用 NAA(萘乙酸)和 IAA(吲哚乙酸)等生长素，而不使用 2,4-D，因其能诱导外植体形成愈伤组织。在很多情况下，MS 培养基对茎尖培养都是有效的。茎尖培养，既可以用液体培养基，也可以用固体培养基。为了便于操作，多用琼脂培养基。

19 脱毒马铃薯的主要特点是什么?

马铃薯脱毒后，不仅脱除了已经侵入植株体内的病毒，改善了马铃薯品质，而且大幅提高了马铃薯产量。但对病毒的抗性并未增加，不能避免病毒的再侵染。因此脱毒对防治马铃薯病害来说，并非是一劳永逸的。因此，在脱毒后的整个繁殖过程中，若不采取有效措施防止或延缓病毒的再侵染，产量则会逐年递减，脱毒将失去意义。一般情况下，大部分脱毒品种连续种植两年(四季作)，仍能保持较高产量，但第五季作病毒在植株体内积累达到较高浓度，植株表现明显的退化症状，几乎与脱毒前相近。因此，两年更换一次新的脱毒种苗，并采取轮作换茬、土壤消毒等多种措施，可减少病毒在植株内的积累，减缓脱毒品种的退化进程。另外，不能利用脱毒商品薯作种子，因为它们在生产过程中已经感染病毒。

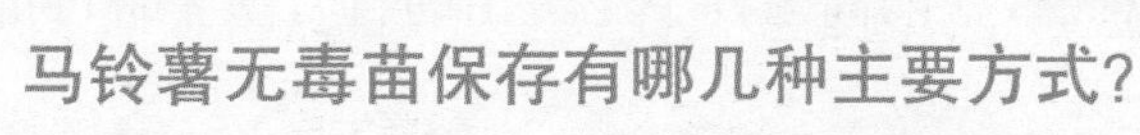

20 马铃薯无毒苗保存有哪几种主要方式？

马铃薯无毒苗一旦获得，就应该好好保存，防止再度感染。若保管得好，可保存利用 5 ～ 10 年，在生产上可有效地发挥作用。脱毒苗在常规培养基上生长，1 个月左右须继代培养一次，不仅增加成本，还加大再感染病毒的机会，必须采取行之有效的保存方法。

(1)田间种植保存。无毒苗必须在隔离区或防虫网室内种植保存。种植的土壤也必须消毒，保证无毒苗在严密隔离条件下栽培，并采用最优良的栽培技术措施。

(2)离体保存。离体条件下试管苗保存既避免田间病虫害的侵袭，减少资源流失，又具有占用空间小、维持费用相对较低、便于种质资源交流的特点。

一般保存：马铃薯试管苗接种在MS固体培养基上，保存温度 20 ～ 22℃，光照 2 000 勒克斯(16 小时光照，8 小时黑暗)，2 ～ 5 个月继代培养一次。

限制生长保存：通过低温、提高渗透压、添加B9(丁酰肼)或矮壮素等生长延缓剂(或抑制剂)等措施调节培养环境，限制离体培养物的生长速度，只允许其以极慢的速度生长，以延长其继代的间隔期。有低温保存法（是限制生长应用最广的方法)、高渗透压保存法、抑制生长保存法等方式。

(3)微型薯保存。微型薯休眠期长，便于种质交流与保存，是目前较为实用和保存时间较长的方法，与试管苗相比，微型薯在一般条件下可保存 2 年，低温条件下可延长至 4 ～ 5 年。

21 什么是脱毒马铃薯种薯？其可分为哪些类型？

脱毒马铃薯种薯是指马铃薯种薯经过一系列物理、化学、生物或其他技术措施清除薯块体内的病毒后，获得的经检测无病毒或极少有病毒侵染的种薯。根据繁殖代数及质量标准，脱毒种薯一般分为基础种薯和合格种薯两类。

(1)基础种薯。是指用于生产合格种薯的原原种和原种，分为原原种、一级原种和二级原种。

原原种：用脱毒苗在容器内生产的微型薯和在防虫网室、温室条件下生产出的符合质量标准的种薯或小薯(图 10)。

一级原种：用原原种作种薯，在良好隔离条件下生产出的符合质量标准的种薯。

二级原种：用一级原种作种薯，在良好隔离条件下生产出的符合质量标准的种薯。

(2)合格种薯。是指用于生产商品薯的种薯，分为一级种薯和二级种薯。

一级种薯：用二级原种作种薯，在隔离条件下生产出的符合质量标准的种薯。

二级种薯：用一级种薯作种薯，在隔离条件下生产出的符合质量标准的种薯。

图10 网室内生产马铃薯原原种

22 马铃薯脱毒原原种主要有哪几种生产方式？

马铃薯脱毒原原种主要有试管薯直接诱导法生产原原种、利用试管薯在网室内生产原原种、温室内扦插生产原原种（脱毒试管苗直接扦插生产原原种及尖顶、腋芽扦插生产原原种）、防虫网室内生产原原种、气雾法生产原原种等方式。

23 如何把握马铃薯种薯生产中的质量控制？

马铃薯种薯繁殖的最终目的是获得优质种薯，如果在种薯生产和贮藏过程中不注意控制种薯质量，到大田商品用种时种薯质量可能已严重下降，不但影响产量，而且降低商品薯率。所以，从播种到收获直至贮藏，整个过程必须严格操控。

(1)播种前。选择高海拔、低积温、无霜期短、正常年雾天少、生长期内日照时间长、昼夜温差大、病虫害发生较轻的种植区域，选择土质疏松、有机质含量高、不易积水、土壤pH值6～7、近3年未种过茄科作物、前茬没有使用过任何除草剂的地块。

(2)播种时。较正常播期晚10～15天，以提高其生理活性和增产潜力。切块时剔除病薯、杂薯、内部变色薯块，用70%酒精浸洗接触病薯后的切刀，用0.1%多菌灵或旱地宝拌种，严禁堆放和拌草木灰，以免杂菌感染。适当密植（每667平方米 4 500 ～ 6 000 株)，以控制薯块大小。不同级别种薯分开种植，之间设隔离带。

(3)生长季节。团棵期第一次去除杂株、花叶病株、劣株、弱株，始花期进行第二次去杂，重点去除卷叶病毒株。从团棵期开始每隔 7 天喷施一次杀虫剂，以预防蚜虫发生，从而控制病毒的传播。初花期和盛花末期各喷施一次瑞毒霉，不但能够防治晚疫病，而且可提高块茎抗病能力，减少干腐病、软腐病等贮藏病害。

原原种在苗龄 30 ～ 50 天时进行一次检验，全部植株都须目测检查一次，在目测难以准确判断时，可采样进行室内检测。合格原原种应当未破损，不带任何真菌、细菌、病毒。原种生产期间需要进行 3 次田间检测，第一次在现蕾期，第二次在盛花期，第三次在收获前 30 天左右。原种田植株病毒率低于 0.25%，拔除病株后植株病毒率不能高于 1%。合格种薯生产期间需要进行两次田间检测，第一次在现蕾期，第二次在盛花期，植株病毒率不能高于 2%，拔除病株后植株病毒率不能高于 1%。有马铃薯类病毒、环腐病、癌肿病的薯块均不能作种薯使用。

马铃薯生长后期，块茎膨大期结束，开始积累干物质，此时杀秧，把植株压倒，封严土壤裂缝，然后喷施干燥剂克无踪 3 升/公顷，不仅使病虫害失去寄主，块茎免受病原菌感染，还可加速块茎表皮木栓化，减少收获时表皮破损，提高种薯外观质量。

植株完全死亡后 15 天开始收获，可减少破皮和腐烂的发生。选择天气晴朗、土壤干爽时收获，最大限度地减少机械损伤，确保收获干净。薯块就地晾晒 2 ～ 4 小时，散发部分水分，使薯皮干燥，降低贮藏期发病率。运输和贮藏期间，尽量减少转运次数，避免机械损伤，不同品种、不同级别种薯应单贮单放，严防混杂。

(4)贮藏期。入库前，将窖内杂物清理干净，用硫黄粉熏蒸消毒。种薯入库后，迅速把薯堆温度降至 10 ～ 12℃，维持相对湿度 90%，提供充足的氧气，保持此条件 10 ～ 14 天，使伤口迅速愈合，以减轻干腐病的发生。储藏期应保持库内温度在 2 ～ 4℃，以免休眠期的种薯芽子长得过长，播种后影响出苗。出库前 15 ～ 20 天，逐步把温度升至 10 ～ 12℃，以打破种薯休眠。出库时，严把种薯外观质量，集中深埋腐烂种薯。

24 如何选择马铃薯种薯？

目前生产上都以马铃薯块茎作种薯，种薯应选择表皮光滑而嫩薄、薯形正、芽眼明显、无病而且具有该品种特征的薯块(图 11)，利用不切块的整薯播种，有防病保苗、防旱防涝、避免切口传播病虫害、省工、出苗整齐、根系发达、生长势强等优点。用大薯作种的产量比小薯要高，但用大薯作种，用种量大，成本高，因而生产上建议以 50 克左右的薯块作种薯。特别是秋季用整薯播种，对减少缺苗有显著的效果。由于贮藏不当或贮藏时间过长而衰弱的薯块、发芽细长纤弱的薯块，生活力弱，易感病，不能作种薯，否则，会严重影响产量。

图 11　网室生产的马铃薯原原种

25 马铃薯种薯如何保存及催芽?

马铃薯种薯应放到阴凉、通风、干燥的地方，去除烂薯且均匀摊开进行保管，要经常观察是否有烂薯，并及时清除烂薯。

种薯催芽方法为：一是沙床催芽。挑选 50 克左右的薯块且带有 1 厘米左右长度的壮芽，埋入干净的湿沙床中催芽。沙床应设在阴凉通风处，铺湿沙 10 厘米，一层种薯一层沙，摆 3 ～ 4 层，经 5 ～ 7 天，芽长 0.5 厘米左右即可捡芽播种(芽变紫色为度)。二是切削法催芽。将种薯表皮划破，促进氧气进入块茎内部，提高氧气吸收率，提高各种酶的活力，此法适用于休眠期短、休眠强度弱、贮藏时间较长、即将脱离休眠的种薯。三是晒种催芽法。将种薯摊开在阳光下晒，连晒 3 ～ 5 天，薯块变软后再堆起来闷。然后再晒再堆闷，一般经过 15 ～ 20 天，种薯的皮变青，薯变软，芽眼现白点或长出绿色短而壮的芽时即可播种。

26 如何选择马铃薯播种时间?

由气候因素导致不同地区种植时间相差较大，大体可以分为以下三种类型：

(1)东北和甘肃、青海等西北地区，一般在春季种植(4 月中下旬至 5 月初)、秋季收获，通常一年只能种植一季，称为北方和西北一季作区。

(2)山东、河北、河南、山西、江苏、浙江、湖南、湖北等地一年种植两季。其中山东、河北等中原一带 2—3 月播种春薯，6—7 月收获；8 月播种秋薯，10 月底至 11 月初收获；江苏、浙江等中南部省份 1—2 月播种春薯，5—6 月收获；9 月播种，12 月收获。这些地区称为中原及中南二季作区。

(3)广东、广西、海南、云南、贵州等地可以在秋季水稻收获后利用空闲期种植一季马铃薯。一般 10 月中下旬至 11 月播种，翌年 2—3 月收获。因生长期多处于冬季，因此这些地区通常称为南方冬季作区。

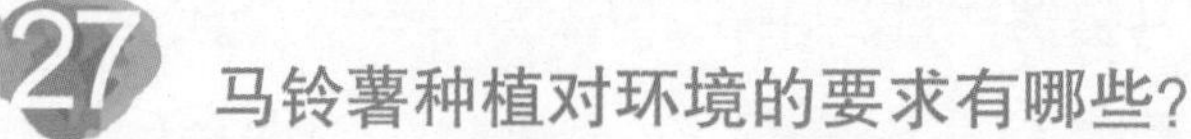

27 马铃薯种植对环境的要求有哪些?

(1)温度。马铃薯在生长发育期需要较冷凉的气候条件，在播种后，当地下 10 厘米土层温度至 7～8℃时幼芽即可生长，10～12℃时幼芽可茁壮成长并快速出苗，特别是早熟品种，如果播种早，出苗后若遇气温降至 0℃，幼苗受冷害，严重会导致死亡。

(2) 光照。马铃薯在生长发育期对光照强度和日照长短敏感。在发芽期要求黑暗，光照抑制芽伸长，促进幼芽加粗、组织硬化和产生色素。在幼苗期和发棵期长日照有利于茎叶生长和匍匐茎发生。结薯期适宜短日照，成薯速度快。强光不仅影响马铃薯植株的生长量，而且影响同化产物的分配和植株的发育。强光下叶面积增加，光合作用增强，植株和块茎的干物质明显增加。

(3) 水分。马铃薯生长过程中要供给充足水分才能获得高产。发芽期所需水分很少，播种后发芽前，土壤水分切忌过大，低温高湿容易导致种薯腐烂。如果土壤过于干旱，则不能正常生根和出苗，要及时补充土壤水分，促进马铃薯健康出苗。所以在播种前，要求土壤土层上部疏松，而下部保持土层湿润。

(4)土壤。马铃薯适应性非常强，一般土壤都能生长。最适合马铃薯生长的土壤是沙质壤土，有足够的空气，对块茎和根系生长有利。但由于这类型土壤保水、保肥能力差，种植时最好采取平作培土，适当深播，不宜浅播垄培。沙质土生长的马铃薯块茎整洁、表皮光滑、薯形正常、淀粉含量高、便于收获。如果在黏重的土壤种植马铃薯，最好利用高垄栽培，有利于排水、透气。

28 马铃薯全程机械化栽培技术特点是什么?

马铃薯全程机械化栽培技术的应用，能够减少人工投入，提高生产效率。种植机械的选择需要结合实际种植规模和经济状况。在马铃薯全程机械化栽培时，应尽量选择交通方便、土壤肥沃、地势较为平坦的缓坡地，且土壤尽量为中性或者微酸性。播前需要进行机械旋耕地作业，通常耕作深度至少要求 40 厘米以上，必要时需要进行深松作业。施足底肥，每 667 平方米施用商品有机肥 150 千克。马铃薯全程机械化作业所配备的拖拉机必须经过安全技术检验、要求技术性能良好、要求液压装置操纵灵活且具有较高的可靠性。

29 马铃薯全程机械化栽培中的注意事项有哪些?

在播种之前的 10 天左右将种薯出库并放置在通风向阳的位置，使种薯内部温度能够上升到与室外温度相同的水平，由于机械化播种的过程中，种薯块之间相互

摩擦较大，会碰掉薯块表面的嫩芽，应避免种薯在播种前发芽而影响播种后的生长。在夜间，需要采取一定的保温措施，避免昼夜温差过大而冻坏种薯。在选择脱毒种薯的基础上，需要进一步精选，保证马铃薯产量。

30 马铃薯全压膜栽培技术要点有哪些?

(1)精选种薯。马铃薯全压膜栽培技术依靠马铃薯幼苗自行顶破地膜出土，因此马铃薯出苗率与幼苗的生长势直接相关。马铃薯幼苗生长势强，则幼苗容易顶破地膜，出苗率高，反之则出苗率低。而马铃薯幼苗的生长势取决于马铃薯种薯质量。种薯健壮，则芽壮，其后幼苗生长势强，反之则幼苗生长势弱。因此，采用马铃薯全压膜栽培技术首先要确保种薯质量，选择健康优质种薯，种薯大小在20～50克。

(2)膜上最佳压土厚度。采用马铃薯全压膜栽培技术(图 12)播种后，膜上细土层厚度对马铃薯出苗有直接影响。细土层太薄，则地膜所受的压力太小，不利于幼苗顶破地膜出土。而细土层太厚，虽有利于马铃薯幼苗顶破地膜，但延迟出苗时间，易造成纤细苗，也易造成出苗后在膜上土层形成匍匐茎，从而影响马铃薯产量。因此膜上最佳压土厚度应保持在 3 ～ 5 厘米。

(3)适当增施基肥。由于马铃薯地膜覆盖后，不利追肥，因此主要是增施基肥，一般 667 平方米施优质农家肥 2 000 ～ 4 000 千克、磷肥 25 ～ 30 千克、草木灰 50 千克左右。

(4)马铃薯收获后要彻底捡拾旧地膜，净化土壤，保护农田生态环境。与此同时，要积极引进和采用光降解和草纤维等农用地膜，可较好地防止农田污染和公害，降低成本。

图 12　马铃薯全压膜栽培技术

31 马铃薯深沟高垄栽培有什么好处?

马铃薯深沟高垄栽培技术是一项具有防寒、增温、防渍、防病、早熟、高产及显著增产效果的栽培技术。马铃薯深沟高垄栽培技术解决了鄂北丘陵平原地区春马铃薯种植中，冬季低温干旱、春季阴雨渍害的关键技术问题，促进了马铃薯由山区向丘陵平原地区延伸，扩大了春马铃薯种植区域。

32 马铃薯深沟高垄栽培具体要求有哪些？

选择适合当地生产条件的优质脱毒马铃薯品种，采取测土配方施肥，农家肥和尿素结合耕翻整地施用，复合肥和钾肥作种肥，播种时开沟点施，适当补充微量元素。整地前每667平方米用50%锌硫磷乳油100克拌土撒播防治地下害虫，播种后及时喷施芽前除草剂进行化学除草。垄距65～70厘米，垄高35厘米，要求壁陡沟窄、沟平、沟直。早熟品种每667平方米种植5 500株左右。对于地膜覆盖栽培马铃薯，出苗后及时破膜引苗。齐苗期和结薯期视苗情追肥。重点防治晚疫病，应用数字预警平台，加强预测预报，及时防控。

33 马铃薯稻田免耕栽培技术要点有哪些？

冬种、春种时间与常规相同，秋种以9月20日以前为宜，尽量早植。播种前要挖沟起畦，一般畦面宽160厘米，沟宽30厘米，沟深20厘米。挖出来的沟土不可堆在沟沿上，应使畦面微呈弓背形，以免积水。稻田里长出的小草和稻桩并不影响马铃薯生长，若有较多的草，可人工拔除，不必使用除草剂。摆种时按行距40厘米、株距30厘米、“品”字形摆放，畦边各留20厘米不播种，冬种、春种每667平方米种5 000～6 000穴，秋种6 000～7 000穴。马铃薯摆种后要均匀盖上8～10厘米的稻草，稻草应铺满整个畦面，厚薄均匀，不留空隙。如果稻草较少的话，可以先用少量的细土覆盖种薯和肥料，再覆盖稻草。出苗后，应进行田间检查，薄的地方要补铺一些稻草，防止覆草过薄而漏光，形成绿薯，降低品质。覆盖稻草时摆放整齐的容易出苗，相反，如果稻草较乱，交错缠绕，有时会出现卡苗现象，需要人工引苗。

34 马铃薯稻田免耕栽培如何进行田间管理？

当马铃薯幼苗出土后13厘米高时，开始间苗，每穴只留1棵主苗，其他枝杈全部摘掉，可保证有效养分集中在主苗上，提高产量。新覆盖稻草吸收水分较少，容易干燥，如遇干旱气候，可适当浇水，以利出苗。稻草一经腐烂，其保水性增强，遇阴雨天气应及时排水。稻草全程覆盖能保墒，抑制杂草生长，一般不用除草，但要做好马铃薯晚疫病、青枯病、环腐病、地老虎等病虫害的防治。在花蕾期可用15%多效唑可湿性粉剂800～1 000倍稀释液喷施，防止徒长，使养分集中供给薯块，以增加产量。

35 秋马铃薯适宜在哪些地区栽培？

中原及中南二季作区，适宜区域为种植后年平均气温11.5℃以上地区，江淮地

区，重庆、山东、河北、河南、山西、江苏、浙江、湖南、湖北等省市。

南方冬季作区，一般10月中下旬至11月播种，翌年2—3月收获，主要有广东、广西、海南、云南、贵州等地。

36 秋马铃薯栽培技术要点是什么？

（1）种薯选择。应选择新鲜、健壮、饱满而没有大量发芽的块茎作种薯。选用优良品种是马铃薯高产、优质、高效栽培的基础。秋马铃薯的适宜生长期较短，以选择生育期短的早熟品种为宜。目前适合秋季早熟栽培的马铃薯品种主要有费乌瑞它、中薯5号、东农303等。秋马铃薯播种时及生长前期温度高，切块易感病腐烂，宜选用50克左右整薯播种，一般每667平方米大田应备足种薯150～200千克。

（2）种薯处理。用甲基托布津或多菌灵500倍稀释液对种薯进行消毒，杀灭潜伏在种薯表面的病菌，用赤霉素打破块茎休眠，促进薯芽整齐一致，确保出苗整齐，用量为5～10毫克/千克混合液浸种15～20分钟，沥干后置阴凉、遮光处催芽，待芽眼萌动后再播种。

（3）深耕细整。深耕细整是保证马铃薯高产的基础。深耕可使土壤疏松、透气性好，提高土壤的蓄水、保肥和抗旱能力，改善土壤的物理性状，为马铃薯的根系充分发育和薯块膨大创造良好的条件。播前应深耕20～30厘米，按厢宽100～110厘米分厢起垄，垄面宽80厘米左右，一垄种2行；厢沟宽20～30厘米，沟深15～20厘米。

（4）施足基肥。建议每667平方米施农家肥1 200～1 500千克或发酵饼肥60千克、复合肥40千克、钙镁磷（钾）肥40千克，结合整地，集中沟施，以充分发挥肥效。施肥方法是在垄面按马铃薯播种的密度开播种沟，沟深10～12厘米，然后将肥料施入沟内拌入土中。

（5）适期播种。适期播种是马铃薯高产高效的重要保证。秋马铃薯宜在8月下旬至9月初播种，11月底至12月收获。

（6）合理密植。马铃薯种植的适宜密度，早熟品种以每667平方米4 500～5 500株为宜；播种方式以条播法为宜。按厢宽100～110厘米分厢起垄，垄面宽80厘米左右，每垄种2行，行距40厘米左右、株距20～24厘米为宜。先拉桩绳开播种沟，播种沟深10～12厘米，沟底均匀撒施基肥、拌入土中或在肥上覆土2～3厘米，如遇干旱可再浇一次稀粪水；然后将种薯按播种规格均匀摆放在播种沟内偏离肥料处或沟边，再在上面覆7～8厘米厚的土层盖种。

37 秋马铃薯田间管理和春马铃薯一致吗？各有何特点？

管理上不一致。春马铃薯在种植初期生长缓慢，植株矮壮，有利于植株积累营养。前期温度较低不利于晚疫病发病，在春马铃薯种植初期不用对晚疫病进行大规模统防。而秋马铃薯在种植初期温度较高，后期温度逐渐回落，在结薯期、薯块膨胀期和收获期气温均较低。在秋马铃薯生长初期由于温度高而快速生长，尤其西南山区秋雨绵绵，如果土壤中氮肥过多、遇连续阴雨天气、光照不足时，植株容易徒长，营养物质大量向茎叶中输送，出现只长苗、不结薯或结薯延迟的现象，影响马铃薯早熟高产，应使用一些生长调节物质来调控马铃薯植株生长，调整光合产物的分配，有效抑制植株地上部的生长，促进植株地下部块茎的膨大。常用的生长调节物质有矮壮素、多效唑、烯效唑等。使用方法是叶面喷雾，使用浓度分别为 0.1%的矮壮素或 100 ～ 150 毫克/千克的多效唑或约 100 毫克/千克的烯效唑；也可喷施 0.3%～ 0.4% 的磷酸二氢钾抑制植株徒长、防止早衰、延长叶片功能期、促进结薯。秋马铃薯在出苗后如遇高温高湿天气晚疫病会高发，因此秋马铃薯在出苗后就要做好晚疫病统防工作。

38 马铃薯种植怎么进行水肥管理？

马铃薯是一种需肥较多的作物，特别是需钾较多，氮∶磷∶钾的比例为 4∶8∶12，要通过测土进行配方施肥。在松土时可以同时按每 667 平方米施优质农家肥 1 000 千克或复合肥 20 千克、钾肥 10 千克或草木灰 150 千克追肥。现蕾开花期视其生长情况再进行第二次追肥。生长后期每 667 平方米用 0.3%磷酸二氢钾溶液 60 ～ 75 千克，进行根外追肥。适时观察，花前有无徒长现象，如有徒长，可喷施 500 毫克/升的多效唑等进行调控。在旱作区，要结合松土，培土起垄，免耕栽培的要及时松土，增加土壤通透性；灌溉马铃薯后在膜上及时覆土，防止烧苗，在苗高 20 厘米左右，进行二次覆土，防止薯块露出见光变绿。松土时要注意不要把地膜破坏。有灌溉条件的地区，要在马铃薯开花期、块茎膨大期灌水 3 ～ 4 次，注意顺垄灌水，防止大水漫灌，做到灌水不漫垄，在整个生长期土壤含水量应保持在 60%～ 80%，块茎形成期及时适量浇水，块茎膨大期是需水关键期不能缺水。在雨水较多的地区或季节，及时排水，田间不能有积水。

39 马铃薯如何进行草害防控？

马铃薯田草害(图 13)防控一般分三步处理。

(1) 苗前封闭除草。播种后出苗前每 667 平方米可用田普 200 毫升或金都尔 100 毫升进行土壤处理，具体方法是将上述药剂兑水 50 千克，均匀喷于垄面土层上，可有效防除杂草。

(2) 及时中耕除草。随着马铃薯的生长，田间杂草也迅速生长，与马铃薯争夺田间营养，特别是没有覆膜的田块，这一现象表现得尤为突出，杂草较少时可采用

人工拔除。必要时每 667 平方米用 25%的杜邦宝成干悬浮剂 5.0 ～ 7.5 克兑水 30 ～ 40 千克，同时加入 0.2%的中性洗衣粉或洗洁精，进行田间茎叶喷雾防治。每 667 平方米用高效盖草能（美国陶氏）50 毫升，做茎叶处理，防治一年生禾本科杂草，每 667 平方米用 100 毫升，防治多年生禾本科杂草。每 667 平方米也可用精稳杀得（日本石原）80 毫升，做茎叶处理，防治一年生禾本科杂草，每 667 平方米用 160 毫升，防治多年生禾本科杂草。

（3）人工辅助。若后期杂草多，还需要人工除草。

图 13　马铃薯田草害

40 怎样确定马铃薯收获时机？

马铃薯在生理成熟期收获产量最高，应尽量在马铃薯生理成熟期收获，争取高产。马铃薯生理成熟的主要标志：植株叶色由绿逐渐变黄转枯，茎叶大部分枯黄；块茎脐部与着生的匍匐茎容易脱离，不需要用力拉即与匍匐茎分开；块茎表皮韧性较大、皮层较厚、色泽正常。根据马铃薯市场需求和经济效益等因素，也可在接近生理成熟期提前收获，此时，块茎进入膨大后期的淀粉积累中期，薯块虽然表皮细嫩、干物质积累较少、皮层较薄、色泽浅，耐贮性较差，但已具有商品性，提早上市可获得更好的经济效益。

41 马铃薯收获方法有哪些？其要点及注意事项有哪些？

收获前进行田间植株处理，地上部茎叶尚未枯萎时，可采用多种方法进行处理：一是压秧的方法，在收获前 1 周用磙子把植株压倒，造成轻微创伤，使茎叶营养迅速转入块茎，起到催熟增产作用。二是普遍采用的割秧方法，在收获前 3 ～ 7 天采取机械杀秧的方法把地上植株割倒，清除田间残留枝叶，以免病菌传播，留茬 10 ～ 20 厘米，有利于土壤水分蒸发，便于收获。三是化学杀秧的方法，在收获前 15 天每 667 平方米喷施立收谷 130 ～ 150 毫升，促使植株营养向块茎转移，7 天后每 667 平方米二次喷施立收谷 100 ～ 120 毫升，待植株彻底枯死即可收获，如枯秧高大可结

合机械杀秧清除田间残留枝叶。收获时土壤湿度以块茎干净不带泥土最佳。(图 14)

图 14　马铃薯收获

42 马铃薯对贮藏条件有何要求?

(1)温度。马铃薯在贮藏期间与温度的关系最为密切,一般要求在较低的温度条件下贮藏。贮藏初期应以降温散热、通风换气为主,最适温度应在 4℃;贮藏中期应防冻保暖,温度控制在 1 ~ 3℃;贮藏末期应注意通风,温度控制在 4℃。

(2)湿度。在马铃薯块茎的贮藏期间,保持窖内适宜的湿度,可以减少自然损耗和有利于块茎保持新鲜度。当贮藏温度在 1 ~ 3℃时,湿度最好控制在 85%~ 90%,湿度变化的安全范围为 80%~ 93%,在这样的湿度范围内,块茎失水不多,不会造成萎蔫,同时也不会因湿度过大而造成块茎的腐烂。

(3)空气。马铃薯块茎的贮藏窖内,必须保证有流通的清洁空气,以减少窖内的二氧化碳。种薯长期贮藏在二氧化碳较多的窖内,会增加田间的缺株率,造成植株发育不良,导致产量下降。

43 马铃薯的贮藏方式有哪些?

(1)堆藏法。选择通风良好、场地干燥的仓库,先用福尔马林和高锰酸钾混合熏蒸消毒,之后,将马铃薯入仓,一般每平方米堆 750 千克,高约 1.5 米,周围用板条箱、箩筐或木板围好,中间放若干竹制通气筒。此法适于短期贮藏和秋马铃薯的贮藏。

(2)通风库贮藏法。将马铃薯装筐堆码于库内,每筐约 25 千克,垛高以 5 ~ 6 筐为宜。此外还可散堆在库内,堆高 1.3 ~ 1.7 米,薯堆与库顶之间至少要留 60 ~ 80 厘米的空间。薯堆中每隔 2 ~ 3 米放一个通气筒,还可在薯堆底部设通风道与通气筒连接,并用鼓风机吹入冷风。秋季和初冬,夜间打开通风系统,让冷空气进入,白天则关闭,阻止热空气进入,冬季注意保温,必要时还要加温。春季气温回升

后，则采用夜间短时间放风、白天关闭的方法以缓和库温的上升。

（3）药物贮藏法。贮藏中采用青鲜素或萘乙酸甲酯等药剂处理，可以抑制或减少发芽，还能抑制病原微生物的繁殖，并能防腐。

马铃薯在贮藏期有什么变化？

在整个贮藏期马铃薯的干物质含量、淀粉含量、还原糖含量、淀粉磷酸化酶活性、蔗糖转化酶活性均发生变化。干物质含量、淀粉含量在收获期最高，贮藏中期下降最多，贮藏末期有所回升。还原糖在收获期最低，随着贮藏时间的延长而上升。淀粉磷酸化酶活性在贮藏前期增强，在后期有所下降，蔗糖转化酶在贮藏初期活性增强，60 天后有所下降。

马铃薯贮藏期如何进行科学管理？

为了达到马铃薯安全贮藏的目的，在薯块贮藏期间可以从以下方面进行科学管理：一是贮藏区域的清理和消毒。在贮藏前，做好清洁工作，除去杂物，可使用百菌清对墙壁、地面、通风道喷雾或硫黄、甲醛等溶液熏蒸消毒。二是控制堆高。大批量薯块贮藏时，应根据贮藏容量来控制堆高，一般薯块装到库高的 2/3 即可，库的利用容积在 65%左右为宜。三是控制温湿度。马铃薯贮藏初期，温度高、湿度大是正常现象，之后温度会逐渐下降，一般长期贮藏的块茎，适宜的温度为 2 ～ 4℃、相对湿度保持在 85%～ 90%，加工薯对贮藏温度的要求可根据贮藏期的长短来调整。四是通风换气。无论哪种贮藏方式，在大量贮藏薯块时都应具备通风换气条件，既能维持其正常生理活动，预防薯肉黑心，还能降低库内温度，减少养分和水分的消耗。五是药剂熏蒸，严防贮藏病害。有强制通风设施的贮藏库（窖），在块茎贮藏后，可用百菌清烟雾剂等进行熏蒸。

马铃薯如何分类贮藏？

马铃薯块茎收获后，可根据种薯、食用薯、加工薯等不同用途，进行分类贮藏。

（1）种薯贮藏。种薯要求低温贮藏，以防发芽，可延长贮藏时间，以 1 ～ 3℃的温度贮藏产量最高。

（2）食用薯贮藏。为了达到块茎表皮不变绿、不发芽、不皱缩、外观好等食用薯要求，可采取黑暗贮藏，注意控制仓库内温度在 10℃左右、相对湿度在 85%以上，还可适当使用抑芽剂。

（3）加工薯贮藏。对马铃薯淀粉、全粉、油炸食品原料薯贮藏的适宜条件是相对湿度保持在 85%～ 95%、温度稳定在 10℃左右，与食用薯贮藏条件类似，但要求更为严格。

马铃薯怎么进行引种?

广义的引种，是指把外地或国外的新作物、新品种或品系，以及研究用的遗传材料引入当地。狭义的引种是指生产性引种，即引入能供生产上推广栽培的优良品种。

引种主要有三个流程：一是引进品种，即根据本地的生态条件和栽培特点，有的放矢地引进一定数量的材料。注意引进时要严格遵守植物检疫制度，防止病、虫、杂草等生物入侵。二是品种筛选，在当地具有代表性的土地上小量种植引种材料，并每隔一定的间距种植对照品种(当地优良品种)，用于比较对照，选出少数优于对照的材料进行产量等比较试验。三是生产推广，即最后选出最好的品种进行脱毒种薯生产，进行品种推广。

马铃薯引种中的注意事项有哪些?

每一个良种都有它的特定适应性，只有种植在自然条件和栽培条件符合其特性要求的地区，才能发挥优良品种的增产作用。引种一定要克服盲目性，把握住成熟期，要在当地无霜期内留有余地，即在正常年份能成熟，在低温、早霜年份也能成熟，要留有一定的积温安全系数，严防越区种植。

因此，引种时应该注意以下几点：

(1)选择正式品种。

(2)先试验后推广。

(3)加强种子检疫。

(4)选择不同品种。

(5)配合正确栽培方式。

如何选择适合的马铃薯品种?

品种选择主要注意两个原则：一是根据气候环境适应原则选择品种。地区间纬度、海拔、地理和气候条件的差异，造成了光照、温度、水分、土壤类型的不同。应根据每个地区独特的环境特点选择与其相适应的马铃薯品种类型、栽培制度、耕作类型。二是根据市场和种植目的选择品种。不同的马铃薯品种在不同时期会有不同的市场价格，例如一般彩色马铃薯市场少有，价格比较昂贵；一些地区老百姓比较偏好的品种价格也会高一些；还有，随着供求关系的变化也会造成不同马铃薯的价格差异。另外，不同马铃薯品种的特性会使其有独特的用途，如鲜食型马铃薯、淀粉加工型马铃薯、薯条加工型马铃薯、薯片加工型马铃薯等。

50 费乌瑞它有何特征特性？其栽培技术要点是什么？

费乌瑞它引自荷兰，是中国主栽早熟品种之一，由于其商品性好，食味佳，适于菜用或炸片炸条，是出口的主要品种。生育期65天左右，适合二季栽培。株型直立，分枝少，株高60厘米左右。叶深绿色，植株繁茂，根系发达，生长势强；茎紫色，横断面三棱形，茎翼绿色，微波状；花冠蓝紫色，天然结实性强。薯块长椭圆形，表皮光滑，薯皮色浅黄，薯肉黄色，致密度紧，无空心。单株结薯数3～7个，单株产量400～550克，一般每667平方米产量1 500千克，高产可达3 000千克。耐贮藏，休眠期70～90天。植株易感晚疫病，块茎也易中毒感病。（图15）

图15 费乌瑞它植株及块茎

该品种较耐肥水，栽培上应选择中上等肥力、耕层深厚、通气性好的地块，注意增施有机肥。种植密度以每667平方米4 000～4 500株为宜。播种前选择无病、无伤的薯块作种薯，苗齐后除草松土，应及早中耕培土，以免块茎绿化。注意防治晚疫病。

51 米拉有何特征特性？其栽培技术要点是什么？

20世纪50年代引入中国的中晚熟品种，生育期115天左右，食味好，大中薯率高，在西南地区种植面积较大。株型开展，分枝数中等，株高60厘米左右。茎绿色，基部带紫色，生长势较强。块茎长筒形，黄皮黄肉，表皮较光滑，但顶部较粗糙，芽眼较多、深度中等，块茎大小中等，结薯较分散。休眠期长，耐贮藏。蒸食品质优；加工品质为干物质含量25.6%，淀粉含量17.5%～18.2%，还原糖含量0.25%，粗蛋白含量1.1%，每100克鲜薯中维生素C含量10.4毫克。抗晚疫病，高抗癌肿病，不抗粉痂病，轻感卷叶和花叶病毒病。一般每667平方米产量为1 000～1 500千克。（图16）

该品种适宜无霜期较长、雨多湿度大、晚疫病易流行的西南一季作山区种植。该品种耐肥，栽培时要注意增施肥料，与玉米套种时要适当放宽行距，以减少对玉米的荫蔽，如单套单可采用95厘米的行距，如双行套种可采用166厘米的行距，单作适宜密度为每 667 平方米 3 500 株左右。

图 16　米拉植株及块茎

52 华薯 1 号有何特征特性？其栽培技术要点是什么？

属早熟马铃薯品种。株型直立，生长势强，分枝较少。茎绿色，叶片深绿色，复叶中等大小，花冠浅紫色，开花繁茂性中等，匍匐茎短。薯块短椭圆形，红皮黄肉，表皮光滑，芽眼浅，顶芽中深。区域试验中生育期 60 天，株高 48.1 厘米，单株主茎数 3.6 个，单株结薯数 8.2 个，平均单薯重 71.3 克，商品薯率 80.8%。田间早疫病、晚疫病、花叶病毒病中等发生，轻感卷叶病毒病。（图 17）

其栽培技术要点：一是轮作换茬，减少土传病害传染源。二是选用脱毒种薯，适时播种。低海拔地区 12 月至翌年 1 月播种。播种时宜采用地膜覆盖，及时破膜放苗。单作每 667 平方米 4 500 ～ 5 000 株。三是配方施肥。施足底肥，有机肥与无机肥相结合。及时追施苗肥，适时追施蕾肥。四是加强田间管理，及时中耕培土，遇雨及时排渍。五是及时防治早疫病、晚疫病等病害。

图 17　华薯 1 号植株及块茎

53 中薯 5 号有何特征特性？其栽培技术要点是什么？

属早熟马铃薯品种，生育期 60 天左右。株型直立，分枝数少，株高 50 厘米左右，生长势较强。茎绿色，叶色深绿，叶缘平展，花冠白色，天然结实性中等，有种子。块茎圆形、长圆形，淡黄皮淡黄肉，表皮光滑，大而整齐，芽眼极浅，结薯集中。炒食

品质优，炸片色泽浅。田间鉴定调查植株较抗晚疫病、马铃薯 X 病毒病、马铃薯 Y 病毒病和卷叶病毒病，生长后期轻感卷叶病毒病，不抗疮痂病。苗期接种鉴定中抗马铃薯 X 病毒病、马铃薯 Y 病毒病，后期轻感卷叶病毒病。块茎品质为干物质含量 18.5%，还原糖含量 0.51%，粗蛋白含量 1.85%，每 100 克鲜薯中维生素 C 含量 29.1 毫克。（图 18）

图 18　中薯 5 号植株及块茎

中薯 5 号适宜北京平原二季作区春秋两季种植，吉林、辽宁等省份种植。一般地块密度为每 667 平方米 4 500 株左右，单垄种植，垄距 60 厘米，株距 25 厘米左右。肥沃土地密度适当减小至每 667 平方米 4 000 株左右。其栽培技术要点：一是该品种耐肥水，适合保护地和地势较低的地块种植。不耐旱，不抗疮痂病，因此不适合在干旱的含盐量高的地块种植。二是播前催芽，施足基肥，加强前期管理，及时中耕培土，促使早发棵早结薯，出苗后及时浇水，结薯期和薯块膨大期不能缺水，收获前一周停灌，以利收获贮存。三是二季作地区适合与棉花、玉米等作物间、套作。四是二季作留种春季适当早收，秋季适当晚播，并注意及时喷药防蚜，拔除病株。

54 鄂马铃薯 5 号有何特征特性？其栽培技术要点是什么？

属中晚熟鲜食马铃薯品种，生育期 94 天。株型半扩散，生长势较强，株高 62 厘米，植株整齐。茎叶绿色，叶片较小，花冠白色，开花繁茂，匍匐茎短。结薯集中，块茎长扁形，表皮光滑，黄皮、白肉，芽眼浅。单株结薯 10 个，商品薯率 74.5%。人工接种鉴定，植株高抗马铃薯 X 病毒病、抗马铃薯 Y 病毒病、抗晚疫病。块茎品质为干物质含量 22.7%，淀粉含量 14.5%，还原糖含量 0.22%，粗蛋白含量 1.88%，每 100 克鲜薯中维生素 C 含量 16.6 毫克。（图 19）

其栽培技术要点：一是应用优质脱毒种薯，播前催芽，株行距根据当地的栽培耕作习惯，每 667 平方米种植密度，单作 4 000 ～ 4 500 株，套作 2 000 ～ 2 500 株。二是海拔 1 200 米以下区域 11—12 月播种，海拔 1 200 米以上区域 2—3 月播种。三是施足基肥，出苗后加强前期管理，早施芽肥，及时除草、中耕、培土，促早发棵和早结薯。四是生长季节低海拔区域注意防治二十八星瓢虫，遇特殊多雨年份，注意晚疫病防治。五是成熟后抢晴收获，以利块茎贮存。

图 19　鄂马铃薯 5 号植株及块茎

55 鄂马铃薯 10 号有何特征特性？其栽培技术要点是什么？

属中晚熟马铃薯品种。株型直立，植株偏高，生长势较强，分枝性中等。茎绿色，叶深绿色，复叶中等大小，花冠白色，开花繁茂，匍匐茎较短。单株结薯较多，薯块长筒形，黄皮淡黄肉，表皮较光滑，芽眼略深。区域试验中生育期 85 天，株高 80.1 厘米，单株主茎数 5.8 个，单株结薯数 9.4 个，单薯重 53.5 克，商品薯率 69.5%。田间晚疫病发生较重。（图 20）

其栽培技术要点：一是选用脱毒种薯，适时播种，每 667 平方米单作种植 4 000 ～ 4 500 株，套作 2 400 ～ 3 000 株。二是配方施肥。施足底肥，底肥以有机肥和三元复合肥为主，忌偏施氮肥。幼苗出土后及时追施苗肥，适时追施蕾肥。三是加强田间管理，及时中耕培土，低洼地遇雨及时排渍。四是注意轮作换茬，及时防治早疫病、晚疫病等病害。

图 20　鄂马铃薯 10 号植株及块茎

56 鄂马铃薯 12 有何特征特性？其栽培技术要点是什么？

属早熟马铃薯品种。株型半直立，生长势强，分枝多。茎绿色、下部浅紫色，叶片较小、绿色，花冠白色，开花繁茂，无天然结实，匍匐茎长中等。薯块短椭圆形，黄

皮黄肉，表皮光滑，芽眼浅。区域试验中生育期70天，株高51.1厘米，单株主茎数4.2个，单株结薯数9.2个，平均单薯重53.9克，商品薯率66.5%。田间晚疫病、早疫病中等发生，轻感普通花叶病毒病。（图21）

其栽培技术要点：一是轮作换茬，减少土传病害传染源。二是选用脱毒种薯，适时播种，合理密植，每667平方米单作种植4 500株左右，套作3 000株左右。三是配方施肥。施足底肥，底肥以有机肥和复合肥为主。幼苗出土后及时追施苗肥，适时追施蕾肥。四是加强田间管理，及时中耕培土，遇雨及时排渍，对旺长植株进行化控。五是及时防治早疫病、晚疫病等病害。

图21　鄂马铃薯12植株及块茎

57 鄂马铃薯13有何特征特性？其栽培技术要点是什么？

属中晚熟马铃薯品种。株型扩散，植株较高，生长势较强。茎绿色、下部浅紫色，叶片较大、绿色，花冠白色，开花少，匍匐茎中等长。薯块短椭圆形，黄皮黄肉，表皮光滑，芽眼浅。区域试验中生育期85天，株高78.1厘米，单株主茎数4.8个，单株结薯数11.9个，平均单薯重46.2克，商品薯率66.1%。田间花叶病毒病、卷叶病毒病发生较轻。（图22）

其栽培技术要点：一是选用脱毒种薯，适时播种，每667平方米单作种植4 500株左右，套作3 000株左右。二是配方施肥。施足底肥，底肥以有机肥为主，注意增施磷、钾肥。幼苗出土后及时追施尿素等速效肥。三是加强田间管理，及时中耕培土，遇雨注意排渍，对旺长植株适时化控。四是注意轮作换茬，防治晚疫病。

图22　鄂马铃薯13植株及块茎

58 鄂马铃薯 14 有何特征特性？其栽培技术要点是什么？

属中晚熟马铃薯品种。株型半直立，植株较高，生长势较强。茎、叶绿色，叶片中等大小，开花繁茂，花冠白色，有天然结实现象，匍匐茎短。结薯集中，薯块扁圆形，薯皮淡黄色，薯肉白色，表皮光滑，芽眼浅。区域试验中生育期 85 天，株高 87.3 厘米，单株主茎数 5.8 个，单株结薯数 10.9 个，单薯重 53.1 克，商品薯率 69.2%。田间花叶病毒病、卷叶病毒病发生较轻，晚疫病中度发生。（图 23）

图 23　鄂马铃薯 14 植株及块茎

其栽培技术要点：一是选用脱毒种薯，适时播种，每 667 平方米单作种植 3 500 ～ 4 000 株，套作 2 200 ～ 2 400 株。二是配方施肥。施足底肥，底肥以有机肥、复合肥为主。苗期及时追施速效氮肥。三是加强田间管理，及时中耕培土，遇雨注意排渍，对旺长植株适时化控。四是注意轮作换茬，防治晚疫病。

59 青薯 9 号有何特征特性？其栽培技术要点是什么？

属晚熟马铃薯品种，生育期 120 天左右。株高 97 厘米左右，茎紫色，横断面三棱形，分枝多，粗壮，中后期生长势强；叶较大，深绿色，茸毛较多，叶缘平展；聚伞花序，花冠浅红色，天然结实弱。块茎长椭圆形，表皮红色，有网纹；薯肉黄色，沿微管束有红纹；芽眼较浅，结薯集中，较整齐，商品率高。休眠期较长，耐贮藏。两年水田、旱田区域试验中，平均单株结薯数 5.8 ～ 11.4 个，单株产量 945 克左右，单薯平均重 117.4 克左右。（图 24）

其栽培技术要点：选择中等以上地力、通气良好的土壤种植。秋季结合深翻每 667 平方米施有机肥 2 000 ～ 3 000 千克、纯氮 6.2 ～ 10.3 千克、五氧化二磷 8.3 ～ 11.9 千克、氧化钾 12.5 千克。4 月中旬至 5 月上旬播种，采用起垄等行距种植或等行距平种，播深 8 ～ 12 厘米，播量为每 667 平方米 130 ～ 150 千克。行距 70 ～ 80 厘米、株距 25 ～ 30 厘米，密度为每 667 平方米 3 200 ～ 3 700 株。苗齐后，结合除草松土进行第一次中耕培土，培土 3 ～ 4 厘米；现蕾初期进行第二次培土，厚度 8

厘米以上，并每667平方米追施纯氮0.7～1.1千克。现蕾后至开花前，结合施肥进行第一次浇水，生育期浇水2～3次。开花期喷施磷酸二氢钾1～2次。在生育期内发现中心病株，及时拔除病株，并进行药剂防治。

图24　青薯9号植株及块茎

60 马铃薯—玉米栽培模式的特点是什么？其栽培管理的注意事项有哪些？

(1)播种时间。中高海拔地区，通过大春马铃薯—玉米套(间)作，实现一年两熟。马铃薯一般3月中旬播种，7—8月收获；间作玉米一般在5月中下旬雨季来临后播种，9—10月收获。中低海拔地区，通过小春马铃薯—玉米—秋马铃薯套作和间作，实现一年三熟。马铃薯12月下旬至翌年1月上旬播种，玉米3月下旬至4月上旬播种，8—9月收获。不同地区根据当地实际情况适时播种与收获。

(2)播种方法。2米1个幅带，种植2行马铃薯、2行玉米。马铃薯开沟直播，大行160厘米，小行40厘米，株距28厘米。玉米采用育苗单株密植定向移栽，大行160厘米，小行40厘米，株距24厘米。株距与密度具体应根据品种植株的大小和紧凑程度、土壤肥力的高低等因素确定。

(3)田间管理。施足底肥，适时追肥。马铃薯苗齐后及时进行第一次中耕除草，增加土壤的通透性，进入块茎膨大期进行第二次中耕、除草、培土，及时防治病虫害。

61 秋马铃薯—油菜栽培模式的特点是什么？其栽培管理的注意事项有哪些？

(1)播种时间。马铃薯播种时间为8月下旬至9月上中旬，油菜播种时间为9月下旬至10月下旬。马铃薯在12月中下旬收获，油菜在4月底至5月上旬收获。不同地区根据当地实际情况适时播种与收获。

(2)播种方法。2.2米开厢，厢面2米，厢沟宽20厘米。种植4个双行马铃薯，5行油菜。马铃薯窄行行距为10厘米，宽行行距为40厘米，株距20厘米，双行错窝栽培。油菜在厢面中间单株直播 3 行，厢面边缘各播 1 行，株距 20 厘米。株距与密度具体应根据品种植株的大小和紧凑程度、土壤肥力的高低等因素确定。

(3)田间管理。底肥施用腐熟的有机肥并配合施用无机复合肥，及时除草和追肥，加强病虫害防治。

62 马铃薯—棉花栽培模式的特点是什么？其栽培管理的注意事项有哪些？

目前推广两种马铃薯—棉花间作技术，即 2 + 2 间作技术和 2 + 4 间作技术。

(1)播种时间。种薯应选用休眠期短、株型中等直立、分枝较少、抗病性丰产性强的早熟品种，这样避免了棉薯之间的争温争光，也缩短了马铃薯和棉花的共生期。马铃薯种植在前，棉花种植在后。马铃薯播种时间为 3 月上旬，棉花播种期在 4 月中下旬。不同地区根据当地实际情况适时播种与收获。

(2)播种方法。2 + 2 间作技术，双垄马铃薯、双行棉花宽幅间作。1.8 米为 1 个幅带，种植 2 行马铃薯，行距为 65 厘米，株距为 20 厘米；在马铃薯的垄间播种 2 行棉花，行距为 45 厘米，株距为 20 厘米。2 + 4 间作技术，总宽幅 2.6 米，行距为 60 厘米，株距为 20 厘米，播种 2 行，棉苗与马铃薯间距 30 厘米，行距为 48 厘米，株距为 18 厘米，播种 2 行。株距与密度具体应根据品种植株的大小和紧凑程度、土壤肥力的高低等因素确定。

(3)田间管理。精细整地，重施基肥，适时追肥。马铃薯苗齐后及时进行第一次中耕除草，增加土壤的通透性，进入块茎膨大期进行第二次中耕除草，培土，及时防治病虫害。

63 春马铃薯—水稻栽培模式的特点是什么？其栽培管理的注意事项有哪些？

马铃薯—水稻水旱轮作模式，复种指数高，水旱轮作后既可有效改良土壤理化性质，提高肥力，又可减少病虫害发生。

(1)播种时间。马铃薯选用早熟优良种薯，在 5 月中下旬水稻栽秧时必须收获，水稻选用晚熟品种。不同地区根据当地实际情况适时播种与收获。

(2)播种方法。春马铃薯和水稻均采用常规高产栽培模式种植。

(3)田间管理。马铃薯种植时应施足底肥，及时除草和追肥，加强病虫害防治。水稻种植期间应加强苗田和大田的水肥管理，施肥掌握前促、中控、后补原则，重施基肥，早施分蘖肥，看苗施穗肥，增施磷钾肥。注意加强病虫害防治。

64 秋马铃薯—油菜—水稻栽培模式的特点是什么？其栽培管理的注意事项有哪些？

秋马铃薯—油菜两熟变为秋马铃薯—油菜—水稻三熟。

(1)播种时间。马铃薯播种时间为8月下旬至9月上中旬，油菜播种时间为9月下旬至10月下旬。马铃薯在12月中下旬收获，油菜在4月底至5月上旬收获。油菜收获后种植水稻。不同地区根据当地实际情况适时播种与收获。

(2)播种方法。秋马铃薯和油菜种植方法同秋马铃薯—油菜栽培模式。水稻采用常规高产栽培方法。

(3)田间管理。底肥施用腐熟的有机肥并配合施用无机复合肥，及时除草和追肥，加强病虫害防治。

65 马铃薯—大豆栽培模式的特点是什么？其栽培管理的注意事项有哪些？

马铃薯和大豆株高类似，同是分枝作物，共生期相互的影响是横向大于纵向，两者品种特性与密度的配置和长势相关，促进两者协调生长是套间种的关键。

(1)播种时间。马铃薯冬播或2—3月播种，待马铃薯出苗中耕后及时播种大豆。若马铃薯4月播种，宜同时播种大豆。不同地区根据当地实际情况适时播种与收获。

(2)播种方法。总带宽1.3米、马铃薯与大豆带幅比1∶0.3或者采用1∶1比例播种。株距与密度具体应根据品种植株的大小和紧凑程度、土壤肥力的高低等因素确定。

(3)田间管理。马铃薯种植时应施足底肥，及时除草和追肥，加强病虫害防治。增施磷肥和适当施肥，大豆可以显著增产。

66 马铃薯—玉米—大豆栽培模式的特点是什么？其栽培管理的注意事项有哪些？

(1)播种时间。马铃薯冬播或2—3月播种。玉米在3月下旬至4月上旬播种。马铃薯收获后立即整地，在种植马铃薯的垄上及时定植大豆，每穴2粒，行距50厘米，株距20厘米。不同地区根据当地实际情况适时播种与收获。

(2)播种方法。马铃薯和玉米播种方法参照马铃薯—玉米栽培模式，株距与密度具体应根据品种植株的大小和紧凑程度、土壤肥力的高低等因素确定。

(3)田间管理。马铃薯选择矮秆、早熟、高产、抗病品种，玉米选择中晚熟紧凑型的高产品种，大豆选用粒大饱满的种子。施足底肥，及时中耕、除草、培土和追肥，培育壮苗，及时查苗补苗，同时针对各个作物的不同生育期加强病虫害防治。

秋马铃薯—烤烟栽培模式的特点是什么？其栽培管理的注意事项有哪些？

(1)播种时间。烟草在 4 月左右种植，成熟收获后或收获后期种植秋马铃薯。不同地区根据当地实际情况适时播种与收获。

(2)播种方法。烟草和秋马铃薯的种植方法均采用常规高产栽培模式。

(3)田间管理。测土施肥，施足底肥，及时中耕、除草、培土和追肥，培育壮苗，及时查苗补苗，同时针对各个作物的不同生育期加强病虫害防治。马铃薯收获后进行烟田冬翻。同时还要注意，该种模式下马铃薯只能作为商品薯，严禁作为种薯。

马铃薯—中药材栽培模式的特点是什么？其栽培管理的注意事项有哪些？

(1)播种时间。西大黄、独活、玄参等采用冬播，云木香采用春播。不同地区根据当地实际情况适时播种与收获。

(2) 播种方法。套种方式应根据中药材品种的生长特点而定。西大黄和独活等植株比较高大繁茂，与马铃薯单行套种，行距 35 ～ 45 厘米，马铃薯株距 27 厘米，西大黄株距 50 厘米或者独活株距 17 厘米；玄参和云木香植株比较矮小，可采用双行药材与单行马铃薯套种，行距 35 厘米，药材窄行距 20 厘米，玄参株距 35 厘米，云木香株距 17 厘米。株距与密度具体应根据品种植株的大小和紧凑程度、土壤肥力的高低等因素确定。

(3)田间管理。栽种药材要以农家肥为主，尽量少施用或者不施用化肥。同时针对各个作物的不同生育期加强病虫害防治。

春马铃薯—早稻—秋马铃薯栽培模式的特点是什么？其栽培管理的注意事项有哪些？

(1)播种时间。春马铃薯多采用地膜覆盖栽培，1—2 月播种，5 月中旬收获。早稻一般在 5 月上旬至 5 月下旬栽种，7 月底至 8 月上旬收获。秋马铃薯在 8 月下旬至 9 月上旬播种，11 月霜冻前收获。不同地区根据当地实际情况适时播种与收获。

(2)播种方法。春马铃薯、早稻和秋马铃薯的种植方法均采用常规高产栽培模式。株距与密度具体应根据品种植株的大小和紧凑程度、土壤肥力的高低等因素确定。

(3)田间管理。春马铃薯采用早熟或中早熟优良品种，水稻宜选用中熟或晚熟品种。加强水肥管理，科学用药施肥，同时针对各个作物的不同生育期加强病虫害防治

防治。

70 马铃薯—玉米—胡萝卜栽培模式的特点是什么？其栽培管理的注意事项有哪些？

(1)播种时间。马铃薯在1—2月播种,6月下旬收获。玉米在3月上旬单行套种在马铃薯垄沟内,8—9月收获。胡萝卜在7月中下旬播种,11月下旬收获。不同地区根据当地实际情况适时播种与收获。

(2)播种方法。马铃薯和玉米套种方法参考马铃薯—玉米栽培模式,胡萝卜采用常规高产栽培模式。株距与密度具体应根据品种植株的大小和紧凑程度、土壤肥力的高低等因素确定。

(3)田间管理。马铃薯选用早熟品种,早播种、早收获;玉米选用生育期短的早熟品种,玉米收获后要及时清茬整地;胡萝卜选用优质、高产、圆柱形品种。施足底肥,适时追肥。加强水肥管理,科学用药施肥,同时针对各个作物的不同生育期加强病虫害防治。

二、山药种植实用技术

71 我国山药栽培区域分布情况是怎样的?

我国各地都有山药种植与栽培,分布区域广泛,各地在长期的人工选择和自然适应过程中,逐渐形成了与当地自然条件和生产条件相适应的栽培品种与栽培方式,从而形成了各具特色的栽培区域。根据客观上形成的山药不同栽培区域,山药的栽培区域可划分为华南区、华中区、华北区、东北区和西北区五大栽培区。

72 山药种植对温度和光照有哪些要求?

山药为喜光作物,光照充足有利于其生长,山药的光补偿点约为 670 勒克斯,单叶光饱和点约为 38 000 勒克斯,群体光饱和点更高。山药为短日照作物,花芽分化、开花、结实等均需短日照。在一定范围内,日照时间缩短,花期提早。在春季长日照下播种的山药,只能在夏秋季短日照下开花。短日照对地下块茎的形成和膨大有利,长日照有利于植株的生长。山药的零余子(山药的叶腋处形成的气生块茎),在短日照条件下产生。

山药各个生长发育阶段,对温度的要求也各不相同。春季气温或地温高于 10℃时,种薯开始发芽,但速度较缓慢,15 ～ 20℃时,速度明显加快,其适宜的发芽温度为 22 ～ 25℃,在此温度条件下,种薯发芽一般约需 9 天。地温 10℃以上,山药新根开始生长,随着地温的升高,根系生长加快,根系生长的最适温度为 28 ～ 30℃;地温高于 40℃或低于 10℃,根系停止生长。山药块茎生长和膨大的适宜温度为 20 ～ 30℃,低于 15℃生长发育变缓,低于 10℃生长停止,成熟的块茎比较耐寒。山药茎蔓的生长需要较高的气温,适宜的生长温度为 25 ～ 28℃,高于 35℃或低于 10℃生长缓慢或停止,5℃以下茎蔓则受冻害。

73 山药种植对土壤有哪些要求?

山药适宜栽培的种植地土壤应具备无污染、生态条件良好、土层深厚、疏松肥沃、光照条件好、地下水位低(1 米以下)、pH 值介于 6 ～ 8 的沙质土壤为宜。且土壤土质要均匀细碎,不能混杂直径超过 1 厘米的石块或硬质黏土块,否则会导致块

茎分叉严重，影响外观品质。pH 值过低过高都不适宜种植山药，过低易导致块茎生支根或根瘤，过高块茎下扎困难。山药块茎具有下扎特性，深度可至 30 ～ 100 厘米，因此需要将下层生土深耕或深钻，蓬松土壤，改善土壤结构，降低其坚硬度，有利于山药块茎顺利下扎生长。

74 山药种植对土壤水分有哪些要求？

山药的生长势与土壤含水量有密切关系，随着土壤含水量的增加而加强，土壤中含水量增加到一定程度时则生长势有所下降，达到田间最大持水量时，则山药生长势急剧下降。由于山药叶片的正反面都有很厚的蜡质层，蒸腾强度弱，山药的抗旱能力较强。一般山药生长需要较为湿润的土壤，山药在出苗期对水分需求不太高，土壤含水量略低有利于根系快速生长，生长前期应少浇水，促使块茎向地下部生长；块茎生长期植株生长很快，一天便可长出一片子叶，此时需水量增大，必须保持土壤为湿润状态，不可缺水，一般 5 ～ 7 天小浇水一次，但不可大水漫灌或渍水。当夏季遇有突降暴雨时，应及时排除田间积水，以免形成涝灾。土壤含水量过多或田间渍水，轻则影响山药产量，重则导致块茎腐烂。田间过分干旱，会导致山药减产，块茎形成扁形或畸形。

75 山药标准化生产基地一般应具备哪些条件？

一是产地环境要符合 GB 15618—2018《土壤环境质量 农用土壤污染风险管控标准（试行）》的标准；二是交通便利，生产区域相对集中连片，并具有一定规模；三是有可执行的种植标准以及相关的实际技术操作规程；四是基地有完备的管理体系、管理制度以及服务体系；五是基地生产的山药产品有注册商标，能得到市场的高度认可，市场占有份额大；六是基地实行产业化经营，龙头企业带基地，基地带农户；七是经营管理上有独立的法人；八是地方政府重视相关产业发展，并制定有产业发展规划及配套政策措施等。

76 山药品种如何分类？各有哪些代表性品种？

中国是山药的原产地，2 000 多年前的《山海经》中就有关于山药的记载。山药属于薯蓣科薯蓣属植物，可食用的薯蓣属植物有 50 多种，山药是其中的一种。由于历史的演变、地理影响、形状差异、产地不同等原因，山药的别名、俗名很多，据不完全统计，山药的名称多达 350 种。繁多杂乱的名称既不利于规范，也不利于品牌创建与销售，为了避免引起不必要的麻烦，专家建议统一使用山药这一标准名称。目前，山药品种的分类主要有以下几种形式：

（1）根据山药外形，可将山药分为长山药、圆山药和扁山药三种。

长山药的外形表现为长圆柱形，多数长 30 ～ 100 厘米，直径 3 ～ 10 厘米。茎蔓圆形，叶片较小，叶顶端多为三角形，渐尖至锐尖。部分品种有零余子。长山药作为我国山药主产区的主栽类型，地方品种很多，全国各地均有分布。主要品种有怀山药、铁棍山药、梧桐山药、细毛山药、太谷山药、麻山药、九斤黄山药、大和长芋等。

圆山药的外形为近椭圆形、团块状和短粗圆筒状等不规则形状，长 15 厘米左右，截面直径 10 厘米左右，也称球状山药。其地上茎蔓圆形或有棱，叶片大而叶形多变，生长势强，喜温暖湿润气候。主要分布在我国南方水田和黏湿土地区，如浙江、广东、海南和福建等地。主要品种有台农 1 号、农大圆山药及黄岩薯药等。

扁山药的外形多为脚掌状，有些块茎呈扇面状，上窄下宽，极不规则，长度 30 厘米左右，最长的不超过 50 厘米，宽度 20 厘米左右。块茎入土浅，多生于表土层或土质黏重的土壤中。地上茎蔓大多有棱，叶形多变，叶片较大，叶脉凸出，部分品种叶面上有柔毛，茎蔓生长势强。扁山药主要分布我国南方，如广东、广西、福建、台湾、湖南和江西等地。主要品种有脚板薯、农大扁山药 1 号、银杏薯、台农 2 号和大久保德利 2 号等。

(2) 根据栽培类型，可将山药分为普通山药（又称家山药）和田薯二种。普通山药是我国种植面积较大的栽培种之一，在我国中部、北部分布较广，品种繁多，目前栽培的长山药与棒山药及其变种多属于此类。浅裂或深裂三角形单叶，互生、对生或三叶轮生，叶脉 7 ～ 9 条。地上茎蔓圆形或有棱，绿色或紫色，有些有零余子，有些无，块茎多为长柱形。主要品种有安徽怀山药、山东细毛山药、太谷山药、梧桐山药、日本白山药、上海龙种、九斤黄、毛山药、丰县菜山药、浙江瑞安子薯、江西龙南山药和陕山棒山药等。田薯又叫参薯、大薯，在我国南部台湾、广东、福建、江西等省区普遍栽培，多为长柱形、圆柱形及扁块形变种，圆山药多属此类。其地上茎蔓有棱翼，叶柄短，叶片大，叶脉多为 7 条。主要品种有江西南城桩薯、广东藜洞薯、浙江瑞安大白薯、广东大白薯、浙江瑞安甘薯、南城脚板薯、广西苍梧大薯和广东葵薯等。

(3) 其他分类。一是根据山药肉质和含水量的不同，可分为水山药和绵山药。水山药又名菜山药、花籽山药、脆山药等，产于江苏、安徽、山东、北京等地，是山药中体形比较粗壮的，直径 5 厘米左右，同时，它的身材也比较“直溜”，像一根小棒子，地上茎蔓通常带紫红色。这种山药含水分较大，质脆，色浅，毛根稀而短，断面肉质白中带有玉青色，非常的脆嫩，轻轻一碰，就能断成两截。这类山药一般具有产量高、不结零余子、含水量高以及淀粉含量低等特点。品种如九斤黄等。绵山药又名药山药、面山药等，其质地坚实，含水量在 82%左右，口感绵软，以药用为主，药食兼用。品种如铁棍山药、大久保德利 2 号等。

77 怎样选择适宜的山药品种?

不同地区有不同的种植环境及独特的气候条件，不同的地方也有其主栽山药品种，是经过长期人工选择和自然适应的结果。在选择山药品种时，最好就近引进地方主栽品种，或从生态环境相似或相近的地方引进其他抗性好、优质、高产的品种进行种植。若从生态环境差异较大的地方引进其他山药品种，应先少量引进试种，成功后再大量引进。

78 怀山药有何特征特性?

怀山药为河南省地方优良品种，主产于焦作行政辖区的温县、武陵县、沁阳市、孟州市、博爱县、修武县等地，在当地有 1 000 多年的栽培历史。目前，在我国大部分地区均有栽培，是栽培面积最大的山药品种之一。其植株生长势强，茎蔓圆形，紫色，右旋，长 2.5 ～ 3.0 米，分枝多。叶片绿色，表面光滑无柔毛，全缘，基部心形至戟形，基部叶无缺刻，中上部叶缺刻小，顶端叶尖，叶脉 7 条，基部 4 条有分枝。茎基部大部分叶互生，中上部少数叶对生。雌雄异株。叶腋间可着生零余子。地下块茎长圆柱形，最长至 1 米以上，直径 3 厘米左右，单根重 1 千克左右。栽子粗短，长 12 ～ 20 厘米。块茎肉白、质紧、粉足，久煮不散，有醇香味，表皮浅褐色，密生须根，有褐色斑痣。平均每 667 平方米产量 2 500 千克左右。

79 铁棍山药有何特征特性?

铁棍山药素有怀山药中的极品之称，居四大怀药之首，享有很高的知名度。其原产地为河南省焦作温县地区黄河沿岸一带，为国家地理保护标志产品。铁棍山药植株生长势较弱，分枝较少，茎蔓较细，右旋，绿色。叶柄黄绿色、较细，叶片心形、较小、有浅裂、黄绿色，叶脉浅黄绿色。铁棍山药地下块茎为细长圆柱形，一般长 60 ～ 80 厘米，最长可至 1 米以上，直径 2.5 厘米左右，单根重一般不超过 250 克，表皮褐色，密布细毛，有紫红色光泽斑，皮薄，肉质细腻，质地坚实，黏液少，外煮不散，味香、微甜，口感绵滑。一般每 667 平方米产量 750 ～ 1 500 千克。

80 太谷山药有何特征特性?

太谷山药为山西省太谷县地方品种，品质优良，目前主要分布在山西、河南和山东等地。植株生长势中等，茎蔓绿色，圆形，长 3 ～ 4 米，右旋，有分枝。叶片绿色，基部戟形，缺刻中等，顶端尖锐，叶脉 7 条，基部叶互生，中上部叶对生。雌雄异株。雄株叶片缺刻较大，前端稍长；雌株叶片缺刻较小。叶腋间着生零余子，椭圆形，直径 1 厘米左右，个小，产量低。地下块茎圆柱形，畸形较多，不整齐，长 50 ～

60 厘米，直径 3 ～ 4 厘米，表皮黄褐色，较厚，密生须根，色深。栽子细短。块茎肉白色，肉质细腻，纤维较多，质脆易断，黏汁多，有甜药味，烘烤后有枣香味，熟后味绵。一般每 667 平方米产量 2 000 千克左右。

81 九斤黄山药有何特征特性?

九斤黄为山东省单县地方品种，又名菜山药，食药两用，有“神仙之食”的美名。目前多产于山东省菏泽市、浙江省温州市、湖北省襄阳市等地。植株生长势强，茎蔓绿色或紫褐色，圆形，长 3 ～ 4 米，右旋，有分枝。叶片绿色，基部戟形，顶端尖锐，叶互生，蒴果三棱状，不结零余子，生育期 170 ～ 180 天。块茎粗大，肉白色，多黏汁，肉脆易折，单根重 1.5 ～ 1.8 千克，长 1 米左右，直径 3 ～ 5 厘米，表皮黄褐色，密生须根，味甜香脆，口感滑爽。一般每 667 平方米产量 5 000 千克左右，属高产型品种。

82 花籽山药有何特征特性?

花籽山药为江苏省沛县地方品种，又名龙山药，是从当地怀山药雌性不结零余子的变异株中选育出来的优质菜用品种，生熟皆可食用。植株生长势强，茎紫色中带有绿色条纹，右旋，圆形，长 3 ～ 4 米，多分枝，除基部节间较少分枝外，中部每个叶腋处均有分枝。单叶，茎下部互生，下中部对生，中部以上三叶轮生，顶部深心形至宽心形，边缘 3 深裂，中裂叶披针形，侧裂叶耳状、圆形、近方形或长圆形，叶柄较长，叶脉一般 5 条，基部 2 条多分枝。该品种均为雌株，穗状花序，花小，黄色，单个，花被片 6 个，子房下位。蒴果三棱状，开花后自然脱落，不结零余子。地下块茎圆柱形，长 130 ～ 150 厘米，直径 3 ～ 8 厘米，最粗可达 10 厘米。栽子细而短，长 10 ～ 15 厘米。块茎表皮黄褐色，皮薄，光滑，须根少而短，肉白色，鲜嫩质脆，含水量高，黏汁多。一般每 667 平方米产量 2 500 ～ 3 500 千克。

83 汉水银玉山药有何特征特性?

汉水银玉为湖北省襄阳市地方品种，主要集中在谷城县、老河口市以及襄州区、樊城区与襄城区等地，现湖北省宜昌市、恩施市等地都有种植。该品种是从水山药的变异植株中选育出的不结零余子的新品种。其品质脆而有甜味，断面长时间不变色，刮皮后色白如玉，故称汉水银玉。植株生长势强，茎叶绿色，长 4 米左右，生育期 170 天左右。地下块茎圆柱形，长 1 米左右，直径 3 ～ 5 厘米，单根重 1.5 千克左右。一般每 667 平方米产量 4 500 ～ 4 800 千克。

84 大和长芋山药有何特征特性?

大和长芋山药是我国从日本引进的高产山药品种。其植株生长势中等，茎为

圆形，呈紫色，有时带绿色条纹，茎蔓右旋，长 3 ～ 5 米，分枝较少。单叶，茎下部叶片互生，中上部叶片对生，极少轮生；叶片长度在 6 厘米左右，宽 6.2 厘米左右，叶柄长 5.4 厘米，两面光滑，无柔毛，表面呈深绿色，背面则为灰白色；叶片边缘为全缘或浅波状缘；基部深心形、宽心形；叶形多变，茎基部叶心脏形，中上部叶 3 浅裂，大多为三角状戟形；顶端渐尖至锐尖；叶脉 7 条，辐射状，网脉明显，基生脉有 2 ～ 3 个分枝。叶腋间生长零余子，每处 1 ～ 2 个，初生圆形，成熟后圆柱形、圆形或不规则形，灰褐色，天气潮湿时表面生气生根，成熟时变成瘤。雌雄异株，栽培的为雄株。在开花时，其雄花序为穗状花序，长 1 ～ 3 厘米，2 ～ 11 个着生在叶腋，且花色为淡黄色、花小。地下块茎长圆柱形，长 90 ～ 120 厘米，直径 3 ～ 5 厘米。栽子较长，长 15 ～ 21 厘米。块茎表皮褐色，密生须根，瘤大而密，断面纯白色，肉质致密面软，口感绵滑。一般每 667 平方米产量 3 000 ～ 5 000 千克。

85 桂淮 2 号山药有何特征特性？

桂淮 2 号山药是广西壮族自治区农业科学院经济作物研究所经系统选育而成的山药新品种，品种审定编号为桂审薯 2004004 号。植株生长势强，茎右旋，圆棱形，主茎长 4 ～ 5 米，基部有刺，带紫色，幼嫩时为紫红色。叶片多呈卵状三角形至阔卵形，先端渐尖，基部深心形、阔心形，边缘全缘，叶色深绿，叶表光滑有光泽，蜡质层明显；叶脉网状，大脉数 7 条，呈紫红色，中间叶脉颜色最深，两侧渐浅；叶柄基部及与叶脉相连部分均为紫红色；叶序下部互生，中上部及分枝多为对生，少数互生。叶腋着生 1 ～ 3 个零余子，零余子形状不一，大小不等，表面棕褐色，粗糙有龟痕。地下块茎长圆柱形，长 50 ～ 100 厘米，单个重 0.6 ～ 0.9 千克，表皮棕褐色（两年生有的呈黑褐色），块茎根毛较少，主要集中在头部，芦头细长，直径 1 ～ 2 厘米，长 15 ～ 20 厘米，块茎断面白色，肉质细腻。一般每 667 平方米产量 1 600 千克左右。

86 利川山药有何特征特性？

利川山药是湖北省恩施州利川市地方山药品种的总称，主产团堡、元堡、凉雾等地，2007 年，利川山药成为国家质检总局地理标志保护产品；2008 年，利川山药产地被国家绿色食品中心认定为“全国绿色食品原料标准化生产基地”；2009 年，利川山药获国家绿色食品认证。其山药有青、白、红藤三种。四月生苗延蔓，紫茎绿叶，叶有三尖。5—6 月开花成穗，乳白色。结荚成簇，荚凡三棱合成，空而无仁，大小不一。地下块茎圆柱形，长 20 ～ 40 厘米，直径 2 ～ 3 厘米，表皮土黄、米白或浅红色，浑身多须毛，皮薄，肉细白色，肉质实，黏汁多，味清香怡人，口感绵和。一般每 667 平方米产量 1 500 千克左右。

87 新城细毛山药有何特征特性?

新城细毛山药是山东省桓台县新城镇著名的地方特产,栽培历史悠久,获得了国家地理标志保护产品和中国有机产品认证。其植株生长势强,茎蔓生。叶绿色,卵圆形,尖端三角锐尖。叶腋间着生零余子,深褐色,椭圆形。花淡黄色,雌雄异株。地下块茎棍棒状,长 80 ～ 100 厘米,横径 3 ～ 5 厘米,单根重 400 ～ 600 克,外皮薄,黄褐色,有红褐色斑痣,毛根细,块茎肉质细、面,味香甜,适口性好。一般每 667 平方米产量 1 500 ～ 2 000 千克,高产地块可达 2 500 千克。

88 佛手山药有何特征特性?

佛手山药产于湖北省黄冈市的蕲春、黄梅、浠水、武穴等地,相传为“禅宗四祖道信”精心培育而成,因形状似手掌,故称为“佛手山药”。以湖北省武穴市梅川镇横岗山南北山麓周边的品质为佳。2009 年获国家农产品地理标志认证。植株生长势中等,茎绿色。叶片全缘,背面叶脉凸起,叶脉 7 条,辐射状。叶腋间着生零余子。地下块茎似手掌状或马蹄状,表面为黄白或淡白色,削掉外皮后呈浅棕色,有纵皱,断面为白色,并有颗粒状的凸起,块茎肉色洁白,质地细嫩,香而糯,不腻,口感极佳,煮熟之后不糊。一般每 667 平方米产量 1 350 千克左右。

89 脚板薯山药有何特征特性?

脚板薯山药为湖南省地方品种,湖南省邵阳县种植面积较大,其他地方如福建、广西、广东等地均有种植。其茎浅绿色,多棱。叶片深绿色,倒箭形,长约 18 厘米,宽约 14 厘米,叶柄长约 12.5 厘米,绿色。叶腋间生零余子。地下块茎扁掌状,上窄下宽,下部分叉,长约 34 厘米,宽约 21.5 厘米,表皮深褐色,肉质白色细嫩,淀粉含量高,煮熟后汁浓味甜,风味极佳。生长期 180 ～ 190 天,喜高温干燥气候,不耐寒,病虫害少,适于疏松肥沃的沙壤土栽培。一般每 667 平方米产量 2 000 ～ 2 500 千克。

90 陈集山药有何特征特性?

陈集山药为山东省菏泽市定陶区陈集镇地方品种,2008 年被认定为国家地理标志保护产品,保护范围为山东省菏泽市定陶区陈集镇现辖行政区域,其有着悠久的栽培历史和独特的山药文化。陈集山药有两个品种,即西施种子和鸡皮糙。其茎蔓生,常带紫色,叶片对生,卵形或椭圆形,花乳白色。西施种子属无父系,无零余子,靠茎段繁殖。块茎条形圆直,长 30 ～ 60 厘米,直径 2.0 ～ 3.5 厘米,表皮浅黄,根毛稀短,肉质硬实,白色,口感面、甜、香、爽。鸡皮糙是西施种子的变异株结豆繁衍而来的一个优良品种,因体表生长着像鸡皮毛囊的粗糙斑点而得名。其块

茎圆直，长 40 ～ 80 厘米，直径 2 ～ 3 厘米，表皮棕黄色，有鸡皮毛囊状点，根毛密长，肉质坚实，口感面、沙、香、绵。一般每 667 平方米产量 1 500 千克左右。

91 蠡县麻山药有何特征特性？

蠡县麻山药为河北省保定市蠡县的地方品种，2005 年获得国家地理标志保护产品。其植株生长势强，茎绿色或紫绿色，细长。叶片绿色，三角状卵形，对生或三叶轮生。叶腋间着生零余子，球形或不规则形，数量较多。雌雄异株，花小，黄绿色。地下块茎圆柱形，长 60 ～ 80 厘米。栽子细而短，长 10 厘米左右。块茎表皮暗褐色，皮厚粗糙，须根较长，粗密，瘤少，肉质白色细软，含水量高。一般每 667 平方米产量 2 500 ～ 3 000 千克。

92 大久保德利 2 号山药有何特征特性？

大久保德利 2 号为日本扁山药品种，适合我国东北、华北及华东地区栽培。其植株生长势强，叶色浓绿，下部节位的叶片为短心脏形，上部节位的叶片稍长。叶腋间着生零余子，较多。该品种耐寒耐热，抗病性较好。地下块茎外皮淡黄褐色，须根少，外形变化较多，标准的块茎外形为下宽上窄的酒壶状，也有比较短粗的长棒状，还有薯肉肥厚的短扇状等，块茎肉质白色，细腻，黏性大，口味甜，口感面绵，生熟均可食用。一般每 667 平方米产量 2 500 千克。

93 台农 1 号山药有何特征特性？

台农 1 号是台湾省农业研究所于 1991 年选育出的山药新品种，后引入大陆华南、华中及东南沿海地区种植。其植株生长势强，茎和叶柄有棱翼，节间长度约为 14 厘米。叶片对生，叶色深绿，初生叶互生，基部叶片心脏形，全叶长卵形，裂片近圆形，叶长 8 ～ 16 厘米，宽 5 ～ 8 厘米，叶脉 7 ～ 9 条。叶腋间偶生零余子。一年生植物未见开花，蔓长可达 6 米。块茎近圆形或椭圆形，外皮褐色，肉质厚白色，皮薄黏液多，品质好，单根重 0.5 ～ 1.0 千克。一般每 667 平方米产量 1 500 千克左右。

94 毛薯山药有何特征特性？

毛薯山药又名黎洞薯、参薯等，为广州城郊农家品种，现全国许多省份都有种植。植株叶柄绿色或带紫红色，长 4 ～ 15 厘米；茎右旋，无毛，通常有四条狭翅，基部有时有刺。叶片绿色或带紫红色，卵形至卵圆形；茎下部的叶互生，中部以上的对生，长 6 ～ 20 厘米，宽 4 ～ 13 厘米，先端短渐尖、尾尖或凸尖，基部心形、深心形至箭形，有时为戟形，两耳钝，两面无毛。叶腋内有大小不等零余子，多为球形、卵形或倒卵形。雌雄异株，雄花序为穗状花序，长 1.5 ～ 4.0 厘米；雌花序为穗状花序，1 ～ 3 个着生于叶腋，较小而厚，子房下位。蒴果三棱状扁圆形，长 1.5 ～ 2.5 厘米，宽 2.5 ～ 4.5 厘米。块茎呈不规则圆柱形或棒形，长 7 ～ 14 厘米，直径 2 ～ 4 厘米，表面浅棕黄色至棕黄色，有纵皱纹，常有未除尽的栓皮痕迹，质坚实，断面淡黄色，散有少量淡棕色小点，味甜微酸，有黏性。华南地区种植一般每 667 平方米产量 1 500 千克。

95 山药的繁殖方式有哪些？各有什么特点？

生产上山药以无性繁殖为主，繁殖系数较低，主要有以下三种繁殖方式：

(1) 山药栽子繁殖。山药块茎上端较细，先端有隐芽和茎斑痕，常切取这一段供作种用，称山药栽子(图 25)。切口处涂上草木灰，晾干后贮藏阴凉干燥处，到第二年栽种。

优点是出苗快，一般比山药段子早出苗 20 天，幼苗生长健壮，但工作量大，大面积生产时很难采用。同时一个块茎只能截取一个栽子，繁殖系数低。长期使用栽子生产力会下降，栽子需要更新。

(2)山药段子繁殖。大部分山药块茎具有形成不定芽的能力，在种薯不足的情况下，可将山药块茎切成小段栽培，称山药段子(图 26)。块状种往往只有顶部才能发芽，切块时应纵切。种块 50 ～ 100 克，切口涂草木灰，置室内 2 ～ 3 天栽植。

优点是多年栽种不易退化，利于品种改良，但是消耗的块茎比较多，切块时费工费时。出苗时间比山药栽子晚，产量相对降低 10%左右，须提前处理山药段子。

(3)零余子繁殖。零余子又称山药豆，是山药的叶腋处形成的气生块茎(图 27)。在山药收获时，将长在茎蔓上的零余子摘下，晒干后低温干燥贮藏。播种后当年长成 25 ～ 30 厘米的小山药块茎，第二年用全块茎栽植。

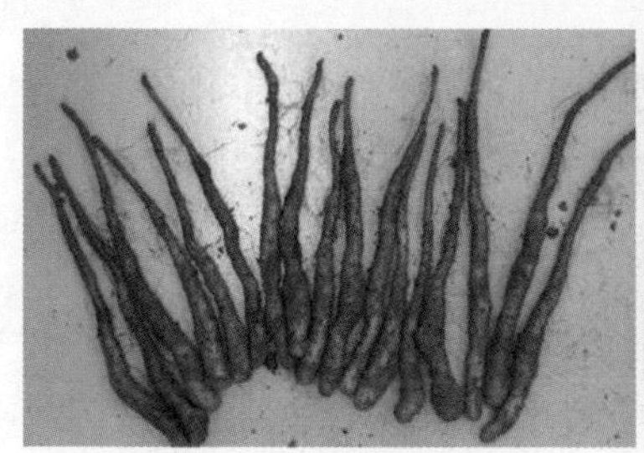

图 25　山药栽子繁殖

图 26　山药段子繁殖

图 27　零余子繁殖

优点是可节省大量块茎，也比较省工，是生产中更新和栽子繁殖的重要材料，该方法繁殖的栽子生活力旺盛，相对连续使用老栽子长势更好、产量更高。但是连续多年采用零余子繁殖会导致种质退化，一般 3 ～ 5 年采用一次块茎繁殖。

96 什么是山药的脱毒繁育？脱毒繁殖有什么好处？

山药为无性繁殖植物，一般用其块茎进行繁育。通常是选用无腐烂、健康饱满、含顶芽的山药栽子或块茎切段作种栽。但山药在无性繁殖过程中会感染的病毒种类多，通过无性繁殖的逐年积累，会逐渐导致种栽退化，从而引起山药生长过程中抗性下降，病害暴发，产量下降。目前，生产上还没有根治病毒病的良药，因此，为了山药产业化的可持续发展，必须开展有效的脱毒繁殖等基础性工作，从源头上切断病毒的发生。山药的脱毒繁育就是指通过剥取不含病毒的山药茎尖分生组织进行无菌培养来获得脱毒植株（苗），进而通过脱毒植株获得脱毒原原种（微型块茎），再进一步生产脱毒种栽的一整套繁育方法。脱毒繁殖的好处主要是获得脱毒并具有良好种性的山药种栽，从而充分发挥优良品种的各种生理生态特性。脱毒种栽内没有病毒，没有真菌、细菌性病害以及各种生理性病害，从而具有良好的健康性状、较好的抗病性、较强的增产潜力，从而为生产上获得丰产打下扎实的基础。

97 山药的脱毒繁育体系包括哪些具体内容？

山药的脱毒繁育体系主要包括茎尖培养、病毒检测、脱毒苗快繁、脱毒原原种（微型块茎）的生产、脱毒原种的生产和脱毒种栽的生产等几方面的内容。原原种和原种生产需要在网棚内隔离生产，他们是基础种，数量不是太大，但成本较高，主要用于生产脱毒种栽；脱毒种栽成本较低，可直接进行大面积推广应用，用于生产商品山药。种栽繁殖的代数越多，生产成本越低，越利于生产上的使用。一个地区的最佳繁殖代数，要根据当地的繁殖条件和管理水平确定，生产环境条件好、管理水平高的地区可以适当增加繁殖代数，以降低生产成本，但最好不超过 4 代。

98 用零余子繁殖应掌握哪些技术要点？

通常在生产上一般都用上年采集的零余子播种于大田，生产出的小山药作为下年的繁殖材料，俗称山药栽子。10 月上中旬，选择健壮植株的零余子进行窖藏或沙藏，温度控制在 5 ～ 7℃。播种前 15 天左右，将零余子晾晒 5 ～ 6 天后埋于湿沙层催芽，一层湿沙一层零余子，每层厚度 2 ～ 3 厘米，总厚度 30 厘米，温度保持在 20 ～ 30℃。经过 10 ～ 15 天即可出芽，待有 80%的零余子萌芽时即可播种。

零余子播种育苗应选择 4 ～ 5 年内未种过山药的地块，以土层深厚、平坦肥沃的沙壤土或轻壤土为佳。一般每 667 平方米施腐熟土杂肥 5 000 千克、腐熟豆饼 50 千克和硫酸钾复合肥 50 千克作底肥，畦内撒施 4 ～ 5 千克阿维菌素颗粒剂防治地下害虫。在秋末冬初或早春土壤解冻时开沟，宽 50 厘米，深 20 ～ 25 厘米，整出垄顶宽 50 厘米、高 15 厘米的小高畦。

播种应充分利用无霜期，做到霜前播种，霜后出苗。不催芽的在终霜前 35 天播种，浸种催芽在终霜前 20 ～ 25 天播种，播种时采用地膜覆盖需要延后 7 天播种。一般每 667 平方米留苗 33 000 ～ 38 000 株为宜，按 1 米宽畦种植 6 行，株距 8 厘米左右，这样当年小山药块茎单产较高，规格为 100 ～ 200 克。霜降前后即可刨收后浅窖贮藏，温度控制在 2 ～ 4℃，第二年用全块茎栽植。

零余子发芽较慢，为了争取早发芽出苗，播前进行种子处理至关重要。主要处理方法有以下两种：一是沙培催芽。于播前 15 天左右，在 20 ～ 25℃条件下层积沙培，地上先铺 3 厘米厚的湿沙，然后一层零余子一层湿沙（每层沙厚度 3 厘米）相间层积，总厚度 30 厘米左右，待芽露白长至 1 ～ 2 毫米大小时即可播种。二是药剂浸种。因时间关系未来得及进行沙培催芽的，或者沙培催芽后仍有部分未发芽的零余子，可进行药剂浸种。主要药剂有 0.1%硫脲和 0.4%氯乙醇，浸种 30 ～ 40 分钟可促进发芽，晾干水分即可播种。

99 用山药段子繁殖应掌握哪些技术要点？

用山药段子作种薯时，块茎下端 1/3 一般不作种薯。山药段子的发芽比山药栽子晚 20 ～ 30 天，一般播种前要进行催芽。对于扁山药和圆山药来说，有些品种只有顶端具有形成不定芽的能力，因此，切块繁殖时必须纵切，使每一块都带有部分顶端组织，切块重量在 50 ～ 100 克。

一般栽植前 30 天进行分段，分段时做好记号标明上下端，切口用多菌灵或石灰粉消毒。阴冷天气不分段，防止伤口感染。断面处理后立即晒种，当断面向内收缩干裂、表皮呈灰绿色时即可催芽。为提早出苗，在栽植前 15 ～ 20 天可用 50%多菌灵 600 倍稀释液对山药段子进行药剂浸种 5 分钟，然后温度控制在 25℃左右进行沙培催芽，芽长 1.0 ～ 2.5 厘米时定植。用 0.4%氯乙醇或 0.1%硫脲处理可促进发芽。随后按山药栽子种植方法进行播种即可。

山药良种繁育程序是什么？

山药繁育程序一般应按以下途径进行：首先是建立分级繁育的制度，第一级为原原种薯生产，应由育种单位或少数相关授权的种业公司通过脱毒繁育生产原原种薯。第二级为原种薯生产，由原原种薯生产原种薯，原种薯的繁殖应由各级原种场和经授权的原种基地负责生产。第三级为良种生产，即生产用种薯生产，良种生产由原种薯生产繁育而成，生产用种薯应由专业化的制种单位或有条件的农户繁育。山药良种繁育应严格实行以上分级繁育程序，才能保证种薯的质量。其繁育程序（图 28）如下：

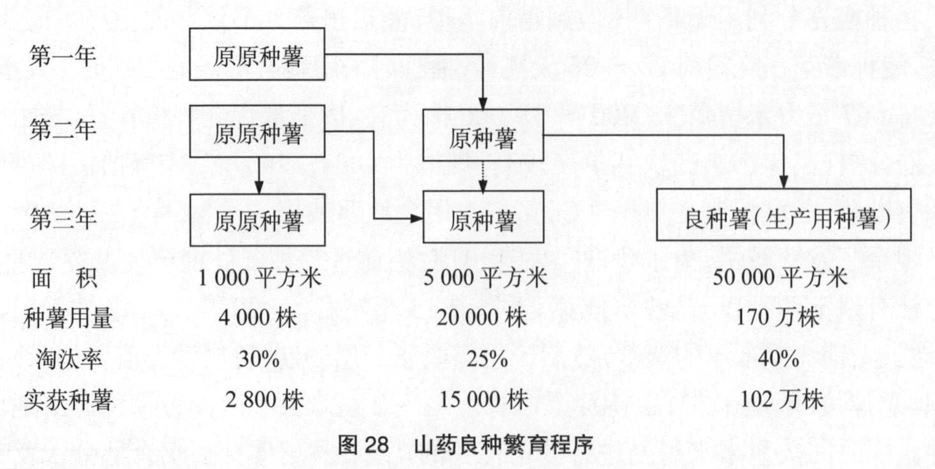

图 28　山药良种繁育程序

101 山药良种繁育要注意哪些生产要点？

山药良种繁育要注意的生产要点有如下几个方面：

一是选择无霜期较长，气候温暖适宜，年降雨量在 600 ～ 3 000 毫米，土壤为沙质、肥沃且酸碱度按近中性的田块繁育种薯，避免用种过山药的田块繁种，山药忌连作。二是挑选种薯。应挑选薯形良好、无病无伤的块茎作种薯；需要切块的种薯，应将刀片消毒，每个切块的块茎应重 60 ～ 80 克，必须带有皮层，切口处用草木灰或药剂处理。三是播种前要催芽。将挑选好的种薯置于太阳下晒 3 ～ 4 小时后，埋在湿沙里，上面覆上塑料薄膜，进行催芽，当芽吐出 1 ～ 2 厘米时即可播种。四是田间管理。要求深耕作高畦种植，有机肥与化肥同时施用，无有机肥应多施生物有机肥，有完善的排灌系统，其他栽培管理措施同普通山药种植的田间管理即可。

102 山药地上茎蔓有何特点？

山药地上茎蔓属于草质藤本，蔓性，蔓长 3 ～ 4 米，茎粗 0.2 ～ 0.8 厘米（图 29）。苗高 20 厘米时，茎蔓节间拉长，并具有缠绕能力，这时要设立支架。开始只是 1 个主枝，随着叶片的生长，叶腋间生出腋芽，进而腋芽形成侧枝。根据地上主茎第 15 ～ 20 节的茎蔓旋性可分为左旋和右旋；山药茎蔓截面形状分为菱形或圆形；茎蔓颜色分为绿色或紫色；有的山药品种茎蔓具有棱翼或刺，有的没有。

山药茎蔓的卷曲方向是一定的，一般是右旋，即新梢的先端向右旋转，与钟表时针相同的方向上卷。食用薯蓣类的大薯、卡宴薯、圆薯蓣都是右旋，而黄独、小薯蓣、非洲苦薯蓣和加勒比薯则是左旋。大薯的茎蔓为四棱形，有棱翼，可以辅助茎的直立。小薯蓣和非洲苦薯蓣茎蔓上生长有刺。

图 29　山药地上茎蔓

103 山药地下块茎有何特点?

山药地下块茎是山药的食用部分,又因长的形状像根,有时也叫根状茎。根据块茎形状主要可分为长山药、扁山药和圆山药,但在各个类型中都有中间类型的变异。该变异主要受环境和遗传的影响,其中土壤环境的影响较大。

(1) 长山药主要呈棍棒形,上端细,中下部较粗,有的具有分枝,一般长度为 30 ～ 100 厘米,最长的可达 2 米(图 30)。其直径一般为 3 ～ 10 厘米,单株块茎重 0.5 ～ 3.0 千克,最重的可至 5 千克以上。棍棒形长山药,肉极白,黏液很多。

图 30　长山药

(2)扁山药块茎扁平,上窄下宽,且具纵向褶皱,形如脚掌(图 31)。

图 31　扁山药

(3)圆山药多为短圆筒形,或呈团块状,长 15 厘米,直径 10 厘米左右(图 32)。

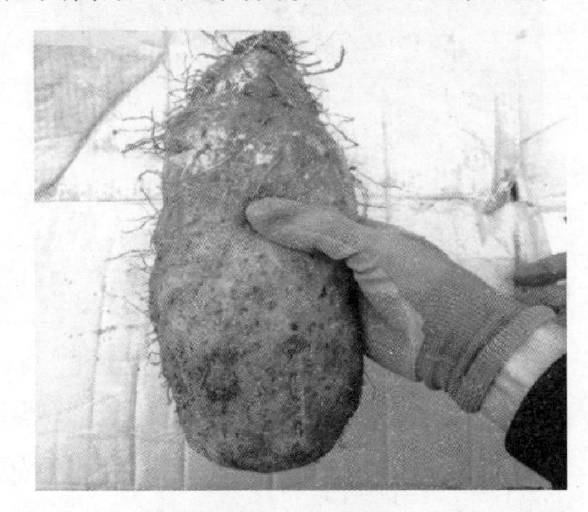

图 32　圆山药

此外,山药块茎外表皮也存在光滑、粗糙和介于两者之间的中间类型,表皮颜色有褐色、黄褐色、紫色和白紫色等,块茎肉色有白色、黄白色、紫色和白紫色等。山药块茎上端存有一个隐芽和茎的斑痕,通常用来作种,称山药栽子。除这一个顶芽外,其他部位都有不定芽。因此,把山药块茎的任何部分切段栽植,都可以长出山药。

104　山药播种前需要对种薯做哪些处理?

山药播种前一般要对种薯做如下处理：一是选种。种薯质量的好坏直接影响到山药的产量与品质,应优先选用脱毒山药种薯或优良生产用种薯作种,同时还要对种薯进行认真筛选,选用薯形良好、无病无伤的种薯作种。二是要晒种。播种前 25 ～ 35 天,开始晒种,播种前把种薯晒透、晒裂。三是催芽。这样可以提高种薯的发芽率与发芽势。四是种薯消毒。可用 25%粉锈宁 1 000 倍稀释液加 50%多菌灵 400 倍稀释液加井冈霉素 200 倍稀释液配成混合药液进行浸泡,5 分钟后捞出晒干即可播种。

105　如何确定山药的播种时期?

山药是喜温暖、不耐寒、怕霜冻的植物,整个生育期应处于温暖无霜的季节里。确定山药的播种期需要从以下三方面考虑。一是在露地栽培条件下，山药播种期在终霜后，地温稳定在10℃以上，若播种过早则种薯腐烂或出苗过早而芽条受冻。同时需要注意观察山药表面是否有毛根出现，一定要赶在毛根开始活动前进行播种。二是应将山药块茎生长盛期安排在昼夜温差大且温度又适宜山药生长的季节，该时期的气候条件对于块茎的形成和营养物质的积累较有利。三是保证适宜山药生长的时间在160天以上，生育期的有效积温在1 800℃以上，才能满足山药生长发育的要求。

我国地域辽阔，南、北方气候差异较大，满足山药生长的上述条件时间差别也较大，因此，不同山药产区的适宜播种期也不相同。如广东、广西、海南等地，全年气候温暖，冬季无霜，1—5月均可播种；长江流域，3月上中旬播种；淮河流域，一般在3月下旬至4月上旬播种；黄河流域，4月上中旬播种；东北和西北地区，4月底至5月上旬播种。

106 山药栽培如何搭架整枝？

搭架整枝山药的茎不但长，而且纤细脆弱，具有缠绕性，易被大风吹折，所以科学地搭立支架，应力求稳固（图33）。出苗后，一般在苗高30厘米以上时，即可搭立支架，以使茎蔓向上生长。支架材料不限，竹竿、秸秆及树枝均可。在植株旁插好支架，一畦插2行，每4根上端捆在一起，顶部放横杆1根，并连接起来。搭架后有草就拔，保持地内无杂草。架插入土壤的深度以20厘米为宜，超过39厘米则可能会影响到根系的正常生长，甚至还会插伤种薯。在山药栽培中，多数可不进行整枝，但如果出苗后有数株幼苗挤在一起，则应于其蔓长78厘米时，选留下一株强壮幼苗，将其余的去除。此外，在山药进入生长盛期后，可适当摘除基部的几条侧枝，保留上部侧蔓，这样做旨在尽量集中养分，有利于通风透光，促进块茎生长。如果在生长后期，发现零余子生成过多，也应及时摘除，否则会与地下块茎争夺养分，影响块茎的膨大。除采种外，一般零余子每667平方米的产量要求控制在100～150千克。

图33 山药搭架整枝

107 山药如何合理施肥?

(1)施用厩肥等有机肥。施用厩肥等有机肥，主要是采用土面铺粪的办法，具有降低土温、保持墒情、稳定土壤透气、防除杂草的效果，而且给山药生长提供营养的持续时间较长。铺粪栽培山药效果较好，可以迅速肥沃土壤，改良土壤质地。铺粪应采用充分腐熟的人畜粪，掺入施用。

(2)科学施用化学肥料。施用化肥为山药追肥时，第一次应在山药出苗 1 个月后，每 667 平方米施用尿素 15 千克；第二次在山药植株现蕾时，每 667 平方米施用氮磷钾复合肥 40 ～ 50 千克；最后一次追肥在收获前 40 天进行，每 667 平方米施用磷酸二铵 10 ～ 15 千克，追肥不能过晚，以免秋后茎叶徒长，影响块根肥大。据江苏省栽培山药的经验，追施化肥比追施有机肥可提高山药块茎的产量，但干物质含量有一定程度的下降，块茎含水量较高，不宜作药材加工。

108 山药栽培怎样进行中耕除草?

山药播种出苗的初期生长很慢，发芽出苗期若遇雨，易造成土壤板结，影响出苗，雨后应立即松土。生长前期每次浇水或雨后都应中耕，中耕不仅可以保墒，同时可以提高地温，促进山药出苗。中耕要求浅耕，只将土壤表面整松即可，距离山药近的地方要浅，离山药远的地方可稍深。

为避免杂草争夺养分，应及时拔除，但应注意不要损伤块茎和根系，植株近处的草要用手拔掉。大面积山药栽培可用除草剂进行杂草的控制。在山药播种后至出苗前，土壤墒情较好时，可每 667 平方米均匀施用 48%氟乐灵乳油 150 ～ 200 克兑水 50 升、72%都尔乳油 150 毫升加水 30 升或 34%施得圃乳剂 250 倍稀释液，喷洒土面均有一定防治效果。在苗期单子叶杂草 2 ～ 3 叶时，可每 667 平方米施用 25%盖草能乳油 40 ～ 50 毫升加水 30 升喷于杂草茎叶上，也可用旱田除草剂禾耐斯每 667 平方米用 45 ～ 60 毫升加水 30 升喷雾，能除掉一年生和多年生的所有杂草。除草以杂草萌发前或刚萌发时为佳，这样除草效果最好。使用除草剂之前，最好做小面积试验，以免产生药害。值得注意的是沙性土壤中栽培山药时，禁止使用扑草净，否则易对山药产生药害。

109 山药生长期间如何进行水分管理?

种前查看土壤，如果发现底墒很差，一定要灌一次透水后再开始耕作。种后重点要保墒和保温，有利于出苗，整个苗期不宜浇水，根据干长根与湿长苗的原理，苗期控水既保温又促进根系向下扎。第一次浇水要在山药苗进入快速生长期。

山药发芽期遇雨使土壤板结时，应立即松土，以保证顺利出苗；生长前期应少浇水，促使块茎向地下部生长；块茎生长期植株生长很快，一天便可长出一片子叶，必须保持土壤为湿润状态，不可缺水，一般5～7天小浇水一次，切忌大水漫灌。

生产上常采用沟灌或滴管进行田间水分的调控。沟灌要求土地平整，或有一定的坡度，当晴天中午有茎叶萎蔫现象时应适时灌水。当夏季遇有突降暴雨时，应及时排除田间积水，以免形成涝灾，影响山药产量。

110 山药栽培为什么要适时摘除零余子？

当山药中上部的茎蔓叶腋间生长出气生块茎即零余子（图34）时，除留下作种用的零余子外，其余零余子应全部摘掉，目的是减少零余子生长的养分消耗，积累养分促进块茎膨大，从而提升山药产量。

图34　零余子

111 山药地下块茎畸形有哪几类？引起块茎畸形的原因有哪些？如何防止块茎畸形？

山药地下块茎畸形主要有四类：一是块茎多分枝。分为块茎顶端分枝和块茎中部分枝两种。二是疙瘩块茎。主要表现为块茎表面凹凸不平，有时呈拐杖形。三是大脚把。表现为块茎最下端呈如脚状的扁平形，形如人脚。四是扁块茎。块茎生长成扁圆形。

引起块茎畸形的原因各不相同，块茎顶端分枝是块茎形成初期，块茎生长点受地下害虫危害或移栽时生长点受损而形成的；块茎中部分枝是块茎生长中期，地下水位抬高或大雨沟灌导致底部块茎腐烂，从而形成分枝；疙瘩块茎主要由土层不均匀所致，雨后土壤黏重导致块茎生长受阻改变方向也会导致其产生；大脚把多是翻土或挖沟深度不够，块茎向下生长遇阻所致；扁块茎则是由土壤紧实不疏松所致。

防止块茎畸形主要通过以下四个方面：一是做好地下害虫的防控。催芽或育

苗移栽时，新生块茎不宜过长，移栽时要注意尽量不损伤块茎生长点。同时田间做好排灌工作，保证雨水的及时排放，防止地下水位过高，避免块茎受渍腐烂。二是深翻土壤。不同山药品种挖土深度不同，一般挖的深度比山药块茎稍深即可。三是高标准整地填沟。冬前进行深翻或挖沟，使土壤充分冻融粉化，清除田间黏土块和砖瓦等杂物，确保土层软硬均匀。四是填沟或作垄时避免过于紧实，土壤含水量大时避免填沟整地。

112 山药常规栽培的关键技术是什么？

山药常规栽培就是一般农户采用的传统栽培方式，又称开沟栽培。常规栽培的关键技术有以下几个方面。

(1)土壤选择和刨沟。种植山药，应该选择肥沃、疏松、排灌方便的沙壤土或轻壤土，忌盐碱和黏土地，而且土体构型要均匀一致，至少 1.0 ～ 1.2 米土层内不能有黏土、土沙粒等夹层。否则会影响块茎的外观，对品质也有影响。刨沟应该在冬春农闲季节进行，按 100 厘米等行距或 60 ～ 80 厘米的大小行，采取“三翻一松”(即翻土 3 锹，第 4 锹土只松不翻)的方法。沟深要到 100 ～ 120 厘米，有条件的可采取机械刨沟。

(2)种苗的制备。种苗制备方法有三种：一是使用山药栽子，取块茎有芽的一节，长 20 ～ 40 厘米；二是使用山药段子，将块茎按 8 ～ 10 厘米分切成段；三是使用山药零余子。选用种苗以零余子育苗较好，其次是栽种 1 ～ 2 年的山药栽子，超过 3 年的不能用。用山药段子作种苗是比较先进的栽培方法，既解决山药块茎数量不够的问题，且产量高，又能防止品种退化。用山药段子作种，若不催芽，一般栽种时边切边种，用多菌灵 300 倍稀释药液浸泡 1 ～ 2 分钟，晾干后即可播种；若催芽，山药可提前 30 天切段，两端切口处粘一层草木灰和石灰，以减少病菌的侵染。

(3)整畦，灌墒。把山药沟刨出的土分层捣碎，捡除砖头石块，然后回填，做成低于地表 10 厘米的沟畦，只留耕层的熟化土，以备栽种时覆土用。沟畦做好后，应该先耩平后灌水，水下渗后，即可栽种。

(4)种植方法。山药的种植，因各地气候条件而有差异，一般要求地表 5 厘米地温稳定超过 10℃时即可种植。有条件的也可使用地膜覆盖。一般的方法：山药沟浇透水后，将种苗纵向平放在预先准备好的 10 厘米深的深畦中央，株距 25 厘米左右，密度为每 667 平方米 4 000 ～ 4 500 株，然后覆土 5 厘米，在山药的两侧 20 厘米处施肥。一般每 667 平方米施土杂肥 3 000 千克以上，尿素 10 ～ 15 千克，硫酸钾 40 ～ 50 千克，过磷酸钙 60 ～ 75 千克，腐熟棉籽饼 30 ～ 40 千克，施肥后，上面再覆土 5 厘米，使之成一小高垄。

(5)科学管理。

高架栽培。山药出苗后几天就甩条，不能直立生长，因此需要支架扶蔓。一般选用 1.5 米左右的小杆作支架最好。

浇水、排水及换水。山药性喜晴朗的天气、较低的空气湿度和较高的土壤温度，全生育期需要浇水 5 ～ 7 次。在浇足底墒水的情况下，第一次水一般于基本齐苗时浇灌，以促进出苗和发根，第二次水宁早勿晚，不等头水见干即浇，以后根据降雨情况，每隔 15 天浇水一次。伏雨季节，每次大的降雨后，应及时排出积水和进行涝浇园换水，目的是为了降低地温，补充土壤空气，防止发病和死苗。

施肥。山药需肥量大，一般山药每 667 平方米产量 2 000 ～ 2 500 千克，需纯氮 10.7 千克、磷 7.3 千克、钾 8.7 千克，其比例为 1.5∶1∶1.2。据有关研究数据表明，氮磷钾比例以 1.5∶1∶3 的产量最高。在施足基肥的基础上，可在开花期进行 1 次追肥，此时即将进入块茎膨大期，可结合浇水追施尿素 15 千克、硫酸钾 15 ～ 20 千克，生长后期可叶面喷施 0.2%磷酸二氢钾和 1%尿素，防早衰。

中耕除草。山药发芽出苗期遇雨，易造成土壤板结，影响出苗，应立即松土破板。每次浇水和降水后，都应进行浅耕，以保持土壤良好的通透性，促进块茎膨大。在山药的生产过程中，应及时除草。出苗前，可用地落胺或乙草胺进行土壤封闭性除草。出苗后，可用盖草能或威霸防除各种杂草。

防治病虫害。病害主要有褐斑病和炭疽病等。褐斑病主要危害叶片，防治方法是避免行间荫蔽高温，注意排涝，发病初期喷洒 70%甲基托布津和 75%百菌清可湿性粉剂，10 天喷洒一次，连续喷洒 2 次。炭疽病主要危害叶片及藤茎，防治方法是实行轮作，及时消除病残体，发病初期喷洒 50%甲基托布津或 50%福美双可湿性粉剂，10 天喷洒一次，连续喷洒 2 ～ 3 次。虫害主要有山药叶峰等，啃食叶肉，把叶片吃成网状，造成严重减产。防治方法是用高效低毒的菊酯类农药（如敌杀死、百树得等）喷雾。

收刨和贮藏。山药的茎叶遇霜就会枯死，一般正常收获期是在霜降至封冻前，零余子的收获一般比块茎早收 30 天。收刨的山药，冬季贮藏在地窖中，温度以 4 ～ 7℃为宜。

113 山药套管栽培的关键技术是什么？

普通方式种植山药，容易出现多毛、表皮粗糙、弯曲和分叉等现象，严重影响山药的产量和品质，而采用塑料套管栽培山药，不仅可解决上述问题，提高山药的商品性，还具有省工省时、收获方便、一次投资多次使用等优点。其主要栽培技术如下：

（1）种植前的准备。

加工塑料套管。选用内径 6 ～ 7 厘米的硬塑料管，用手锯锯成长 1 米的小段，并纵剖为两半，然后在塑料管的一端距端口 20 厘米处向端口斜切，将端口切成马

蹄形。再从塑料管的另一端至中间部位，用手钻或电钻打孔，孔径为 1 厘米，间距 3 厘米，每排打 6 个孔，每半边打 2 排（图 35）。加工成的塑料套管可以使用 6 ～ 8 年。

挖沟埋套管。一般山药沟宽 30 ～ 40 厘米、深 50 ～ 60 厘米、间距 60 厘米。挖时要分层取土，以便回填。填平沟底，将塑料套管按 30 厘米间距均匀摆放，使切口一端向上，再回填土层 15 厘米厚，边踏实，边把塑料套管按 60°的倾斜度排成一排，上端平齐。然后再回填土层 10 ～ 15 厘米，踏实后填入一半熟土，注意不要踩踏，之后每 667 平方米施入充分腐熟的优质有机肥 4 000 千克，把施入的有机肥和土混匀后，再用熟土把山药沟填平。

整畦做标记。每 2 行山药做一个平畦，畦宽 1.4 ～ 1.5 米。作畦前，每 667 平方米施入充分腐熟的优质有机肥 2 000 千克，深翻后整平畦面。在畦的两端、塑料套管的行线上做标记，以便播种时查找塑料套管。

（2）种薯制备。首先用零余子制备一次种薯，然后连续 3 年用山药段子作为种薯，可以有效防止山药种薯的退化。使用秋季收获的零余子，按株距 3 厘米播种，翌年秋天可收获 20 ～ 30 厘米长的山药块茎，用整个块茎作种薯。

（3）科学播种。

选种。用山药段子播种，要求其直径约 3 厘米，长 20 厘米，重 50 克左右。播前晒晾，使伤口愈合，然后层积存放，存放时要注意防冻。

催芽。种前 15 ～ 20 天，取出层积存放的山药段子，放在 25 ～ 28℃的环境中培沙催芽。当山药幼芽从沙中露出时即可播种。

播种。用锄头沿标记行开沟，沟深 8 ～ 10 厘米，找到塑料套管，然后浇水。水渗完后，将种薯插入管中，露出管口 35 厘米，先把湿土覆盖在种薯上，再覆盖一层干土，等水浸透干土后，用干土把种植沟覆平。

（4）种植后的管理。同常规栽培种植后的管理。

（5）及时收获。10 月下旬，地上部茎叶枯死时采收。收获时，先清除支架和茎蔓，自山药沟的一侧挖土，直到塑料套管全部露出，把山药和塑料套管一起取下，打开塑料套管取出山药即可。

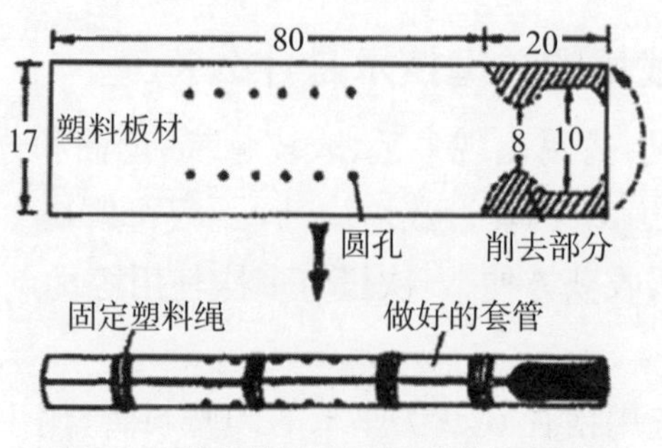

图 35　山药套管制作示意图（单位：厘米）

114 山药打洞栽培的关键技术是什么？

（1）田块选择。宜选择土层深厚、疏松肥沃、排灌方便、向阳、地下水位在100厘米以下、土层中无黏土夹层或硬土石块、pH值为6～8、未栽种过山药或经过3年以上轮作的壤土田块。

（2）品种选择。山药栽子长20厘米以内，块茎直径在8厘米以内的长山药品种。

（3）打孔、播种。用功率1.5～2.0千瓦直流电轻便型手提式实心带注水孔结构螺旋钻打孔。一般单行法种植山药，行距0.8～1.0米，株距0.25米，每667平方米种植2 500～3 300株。播种前选择晴天牵绳用锄头开浅沟，在浅沟上按0.25米左右的株距用打孔机打孔，孔深0.8～1.2米，孔径6～8厘米。打孔后及时采取分段将秸秆插入孔中，每667平方米秸秆（稻草、麦秆或玉米秆上部分）用量约500千克。播种时注意把茎段的上端朝上放置洞口。（图36）

（4）种植后的管理。同常规栽培种植后的管理。

（5）采收。采收时将山药藤蔓除去，用小镐锄刨去山药茎基部的泥土和侧根，找到洞口，沿着山药生长方向慢慢地把成熟的山药从洞里面拔出来。注意操作要轻柔，避免伤及山药块茎。

图36 山药打洞栽培

115 山药浅生槽栽培的关键技术是什么?

(1)田块选择。宜选择土层深厚、疏松肥沃、排灌方便、向阳、地下水位在60厘米以下、土层中无黏土夹层或硬土石块、pH值为6～8、未栽种过山药或经过3年以上轮作的壤土田块。

(2)品种选择。山药栽子长20厘米以内,块茎直径在8厘米以内的长山药品种。

(3)整地放槽、播种。每垄宽1.4～1.6米,在垄面确定放塑料槽的位置开挖宽6厘米、斜度15°左右、相距15～25厘米的平行斜小沟,把塑料槽放置小沟中,然后在槽中放满稻草或玉米秸秆上部分。U形塑料槽,长、宽、深、厚规格为100厘米×6厘米×3厘米×1毫米。播种时注意把茎段的上端朝上放置槽口。(图37)

(4)种植后的管理。同常规栽培种植后的管理。

(5)采收。采收时,刨开槽上面的土,取出山药,留下塑料槽,重新覆土,待适时再种植。

图37 山药浅生槽栽培

116 山药窖式栽培的关键技术是什么?

(1)建窖要求。山药窖式栽培适应于多种土壤。如在庭院中栽培,应选择在通风向阳的地方。挖窖前,先在地面上划线,一般要求窖宽100～120厘米,窖长15～30米,南北走向。然后挖出深度为130～150厘米的坑,每条坑间隔1.5米左右。挖好窖坑后,要在坑上面横搭上水泥柱,水泥柱长度150～170厘米,每根水泥柱间隔60～80厘米。接着,在水泥柱上平铺混凝土栅栏板,放置方向与水泥柱垂直。栅栏板宽为50～60厘米,长度为120～160厘米,各个栅栏板的排放间隙为3～4厘米。栅栏上放1层麦秸等作物的秸秆。然后将腐熟好的有机肥料与肥沃的园土按2∶8的比例混合配成营养土,每平方米窖面营养土加硫酸钾50～70克、磷酸二铵 50 克、尿素 30 克。将配好的营养土均匀地铺盖在窖面前，厚 30 厘米。窖顶的一端留出入口，栽培之前，出入口用水泥板盖好，用土封严。窖建好后在四周挖排水沟。山药窖式栽培(图 38)，一次种植可连续收获 3 年左右。

(2)品种选择。适合窖式栽培的山药品种为长柱形山药，块茎长度可生长到 1 米左右。

(3)播种。在建好的窖内顺着窖长的方向，按大行 50 厘米、小行 30 厘米放线。每个窖播种 4 行，大行放在中间，小行放在窖面两边。在放好的线上开 8 厘米深的沟，将晾晒后的种薯按株距 20 厘米，顺着沟的方向平放在沟内，用土盖好整平、压实，这样 20 米长的窖播种山药 300 株。

(4)种植后的管理。同常规栽培种植后的管理。

(5)采收。采收时把窖门打开，适当通风，在山药块茎距水泥栅栏 3 ~ 5 厘米处，将块茎折断取出，然后敞开窖门放风，防止山药栽子腐烂。入冬后将窖门封好，防止受冻。第二年春天，山药顶芽未萌动之前，在行间每平方米窖面施优质有机肥 10 千克，硫酸钾、磷酸二铵各 50 千克。以后的管理与上年相同。3 年后，重新更换营养土和种薯再继续栽培。

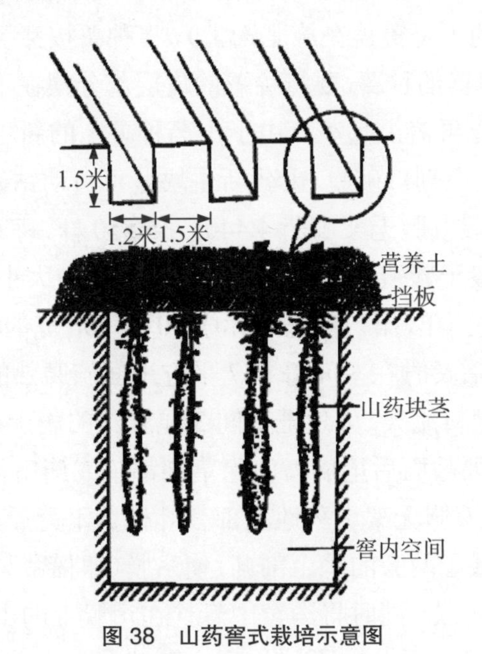

图 38 山药窖式栽培示意图

117 山药沟窖栽培的关键技术是什么?

山药沟窖栽培主要适用于双胞无架山药。

(1)挖沟建窖。对土壤类型要求不严，只要土壤有充足的养分即可，窖址应选择在地势高燥、地下水位低、排水方便、通风向阳的地方，以提高沟窖栽培的效果。

挖沟前，先在地面上拉线，一般要求沟宽 12 ～ 14 厘米、长 15 ～ 30 米，东西走向或南北走向均可。挖出的沟既要直，又要结实，并保持上下同宽，沟壁光滑，上口不塌边，深约 50 厘米，沟底可留 5 ～ 10 厘米厚的碎泥。各条沟间隔 1 米，挖沟后，沟两端中央插桩头标记，沟面横搭预制的稀帘（将芦苇截短，每根长 33 厘米，各根芦苇间隔 3 ～ 4 厘米，分别穿编在两条平行的尼龙线上而成；也可不预制稀帘，直接将截短的芦苇或秸秆按距平行排放沟面），接着，在稀帘上覆盖与稀帘等宽的地膜。然后在膜上铺堆从沟中挖出的泥土及沟间原有表土，初步培成宽 50 ～ 60 厘米、高 15 ～ 20 厘米的垄。结合培垄建窖，可每 667 平方米撒施饼肥和硫酸钾复合肥各 50 千克左右，与垄土混匀，或浇施适量人畜粪，让垄土经严寒冬春冻松熟化，成为营养土。在南方雨水多的地区，可在山药地四周开挖围沟，以防涝灾和沟窖积水。

（2）定植。定植前先进行种薯催芽，催芽方法与常规栽培相同。当山药栽子或段子上有白色芽点出现时（长度不超过 1 厘米），即可定植。催芽后定植的种薯切忌干燥。定植应于地温稳定在 10℃以上时进行。定植时先在垄上一侧或两侧距窖面中央约 20 厘米处开 8 ～ 10 厘米深的施肥沟，每 667 平方米沟施饼肥和硫酸钾复合肥各 50 千克左右，再在窖面垄上放线开 6 ～ 8 厘米深的定植沟（要确保此沟位于窖面中央，开出的土可覆盖在施肥沟上），将种薯按芽嘴距 12 ～ 15 厘米顺沟平放在沟内（粗块茎对劈的种薯，要将种薯的皮层部分摆在下面，使其多接触土壤，便于吸水萌发），然后，再盖上起垄。由于山药种薯上的新生块茎具有强劲的向地性，一般不需要在地膜上划口破膜，山药新生块茎可自动钻破地膜进入沟窖生长。一般每 667 平方米可栽双胞无架山药 4 440 ～ 5 550 株，每 667 平方米用种薯 150 千克左右。利用山药段子繁殖，可将块茎切成 30 克左右大小，春种秋收。利用山药零余子繁殖，一般需要两年，第一年先培养成 30 ～ 100 克的种薯，第二年播种后才能长成大山药。定植后及时在垄间每 667 平方米面施腐熟的鸡粪或羊粪 1 500 ～ 2 000 千克。为防止肥料流失，可浅耙垄间 3 厘米深的表土，使充足的有机肥在地表下缓释起效。最后要趁雨后抢墒喷施除草剂都尔或施田补。

（3）剖垄采收。待双胞无架山药地上部茎叶枯黄干死后，即可开始采收山药块茎。采收时先将山药栽子两旁的垄土剖开，使帘膜（即稀帘与地膜）露出，然后从沟窖一端顺沟窖揭提起帘膜，同时将沟窖中悬挂在帘膜上的山药块茎逐株从帘膜上下拉取出即可。要注意在采收中不能损伤山药栽子。山药块茎能耐 −15℃低温，北方可覆盖保护留窖过冬，南方可从 8 月至翌年 3 月，随需随采。采收后，及时整修沟窖，沟面搭铺新的帘膜（旧膜破损少的还可继续利用）和培堆新的营养垄土，为下茬定植做必要的准备。

（4）效果分析。根据试验结果，通过沟窖栽培的双胞无架山药，双胞率高，块茎光滑平直，畸形薯块少，病虫害少，质韧，耐贮运。同时，双胞无架山药沟窖栽培，实行宽行窄株，便于操作，并可适当增加密度，能增加20%以上的密度，而山药块茎的单株重并不下降，因此可比常规栽培增产20%以上。沟窖栽培双胞无架山药比常规栽培省工，避免了常规栽培要挖沟深翻，并对1/3的铺地面积动土的繁重劳动，而沟窖栽培只对1/8～1/7的铺地面积动土，一次挖建的沟窖可连续使用3～5年，沟窖保护得好，其使用年限还可更长一些，沟窖使用的年限越长，省工的效果越明显。同时沟窖栽培的采收特别省工高效，块茎的破损率极低，解决了双胞无架山药刨挖难度较大的难题。双胞无架山药沟窖栽培的田间管理，与双胞无架山药常规栽培相同。

118 山药间作套种的优越性是什么？与山药间套作的主要作物有哪些？

山药间作套种即合理地安排山药与其他作物套种、间作。间作套种能有效地利用生产季节，充分发挥土地潜力，提高复种指数，增加农民收入，同时可以减少山药病虫害，提高山药的产量，使山药块茎颜色鲜亮，畸形和病斑少，有利于提高商品性。

适合与山药间作的主要作物有甘蓝、西瓜、西葫芦、茄果类和其他绿叶蔬菜等；适合山药套种的作物主要有生姜、芦笋、小麦、大白菜、大蒜、萝卜、芥菜和平菇等。

119 山药轮作的优越性是什么？与山药轮作的主要作物有哪些？

山药轮作就是山药与其他作物在同一块土地上合理地轮换栽培的种植方式。轮作可有效消减寄生在土壤中和冬眠山药上的病原菌，减少山药病虫害的发生，同时可防止山药退化，从而提高山药的品质和产量。

适合与山药轮作的主要作物有豆类、茄果类、瓜类、玉米、水稻、小麦等蔬菜和粮食作物。常年栽培山药的老区，1年轮作1次为佳，有条件的可实行水旱轮作。3年以上的轮作，尤其是水旱轮作，防病效果较好。

120 山药连作危害是什么？

山药连作的危害主要表现在以下四方面：

（1）土壤理化性质恶化，主要表现为次生盐渍化及土壤酸化严重。山药由于连作，长期采用同一种工艺，施用同一种肥料，加上根系分布范围一致，吸收的养分相同，极易导致某种养分因为长期消耗而缺乏，尤其是微量元素，使山药产生缺素症状，而影响其正常生长。

（2）土壤微生物发生变化，主要表现为土壤有益微生物减少、有害微生物增加。

（3）线虫危害。线虫是作物寄生虫，主要破坏作物的根系，由长期的连作导致害虫的积累，进而影响其正常生长。山药连作可使山药的产量逐年下降，块茎品质

变劣，并出现畸形、烂种等现象，严重影响山药的品质，降低商品性，造成产量降低和效益下降。

(4)山药的自毒作用。山药地上部分淋溶、根系分泌和作物残茬腐解等途径释放一些物质，会对同茬或下茬的同科作物生长发育产生抑制（自毒）作用。

121 如何栽培长山药？

(1)整地施肥。选用土层深厚、疏松肥沃、地势较高、向阳、排水通畅、地下水位1米以下的沙质壤土种植。一般在冬前深翻土地，挖栽植沟，沟距1米，沟宽25～30厘米，深80～100厘米，挖出的土经冬季冻晒熟化，早春化冻后，可将土过筛，将筛后的土重点填实在山药块茎生长区，填后踩实。结合作畦，施入基肥，一般每667平方米施腐熟的有机肥4 000～5 000千克、腐熟饼肥50千克，施入浅土层。

(2)种栽准备。在山药块茎收刨时，把块茎先端具有隐芽和茎斑痕的一段切下，长17～20厘米。山药栽子收取后，到翌年栽植期间，可将山药栽子放入地窖内贮藏。也可将块茎切成长8～10厘米的小段作种，每段重30～40克，山药段子制备后，可直接用于播种，也可催芽后定植。若想扩大种植面积，也可用零余子于当年繁殖成栽子，翌年使用，采用这种山药栽子，后代生活力旺盛，增产显著，山药栽子可于定植前25天置于温暖处催芽，芽长4厘米时定植。

(3)适时定植。山药为喜温作物，不耐霜冻，当春季地温稳定在10℃以上时，为定植适期。定植前一定要保证土壤底墒充足，定植后不再浇水，以促进山药幼苗根系下扎。定植时于畦中央开10厘米深的定植沟，按山药株距15～25厘米的规格将山药栽子平铺于沟内，上面覆土8～10厘米。当土壤水分不足时，可在定植沟内先浇水，然后栽种。

(4)田间管理。

支架。山药出苗后茎蔓生长很快，为防止幼茎被风吹断，应及时支架，架高1.5～2.0米，可用竹竿架成“人”字形、三角形、四角形等。

浇水。山药较耐旱，定植后苗期基本不浇水，在茎叶旺盛生长的后期，须保持土壤湿润，若畦内积水，须及时排水。

追肥。在山药抽蔓期、茎叶旺盛生长期、块茎膨大期各追肥1次，每次每667平方米施复合肥15～20千克。

中耕、除草、剪枝。山药定植后，可浅中耕1～2次，后期人工除草，有利于通风透光、减少养分消耗，可及时剪去侧枝，入伏后可随时摘零余子，以获得大而粗的块茎。同时注意防治山药叶蜂。

(5)收获。山药从遇霜后茎叶枯黄时起，一直到春季出苗前均可采收，采收时注意避免碰伤和折断。山药收获的一般程序是先将支架及茎蔓一齐拔起，接着抖落茎蔓上的零余子，收集起来后，就可以收获山药块茎了。从畦的一端开始，先挖出 60 厘米见方的土坑来，然后用特制的山药铲，沿山药生长的地面上 10 厘米的两边侧根处，将根侧泥土挖出，一直挖至山药沟底见到块茎尖端为止，小心提出山药块茎。收获的长山药采用沟藏、窖藏和堆藏等方式进行贮藏，温度控制在 4 ～ 7℃，最低不低于 0℃。

122 如何栽培圆山药？

(1)选地整地。圆山药多生长在浅土层，宜选用日照量较多、保水性好、具有良好的排水条件、地下水位较低的沙壤土或壤土田块进行种植。在秋、冬季节，要抓紧时间对种植土地进行深翻和晒垡，争取在冬季使土壤熟化。

(2)种栽准备。圆山药在种栽发芽以后的 2 个多月内，茎叶枝蔓的生长基本依靠种栽中贮藏的养分。块茎切割应避开顶芽部分，在切块时先将顶芽用刀削去，从上到下将茎块分几瓣进行切割。块茎上部，即接近顶芽部分，容易发生不定根，要平均切分给各个块茎瓣。在温度 30℃、空气相对湿度 55%～ 60%的条件下，对 11—12 月提早切块茎进行处理，可促进早发芽、提高产量。一般标准的切块是每块 40 ～ 60 克，优质品种的块茎，每个应重 400 ～ 500 克，最小的也应重 300 克，大块茎可切成 8 块，小块茎可切成 4 块。块茎切成块后，可放入 40%甲醛 80 倍稀释液中消毒 20 分钟，然后置阴凉处散去水分。最后，在断面上涂上草木灰或生石灰，也可采用热处理进行消毒，即在 48℃(最高不能超过 50℃)的温水中浸种 40 分钟，或在 52 ～ 54℃温水中浸种 10 分钟。

(3)催芽播种。选一块背风向阳和地下水位较高的场所，挖成阳畦或温床(也可利用现成的阳畦、塑料棚或日光温室)，进行块茎催芽。摆放块茎要整齐，块茎不能相互接触。块茎摆好后，在上面先覆土，再覆盖塑料薄膜。在催芽期间，要注意给水，保持土壤湿润。当块茎新根露出 1 ～ 2 厘米长时，就可进行播种。圆山药带芽播种不能伤及幼芽，及时灌水，进行保湿管理，避免芽和根干燥。催芽播种可随时进行，从 4 月上旬至 5 月下旬都可播种，且出土快，缺苗少。早熟栽培或保护地栽培，均可采用催芽播种。

块茎收获后很快进入休眠，当春天气温升至 13 ～ 14℃时，块茎即萌动，这时是播种适宜期。有条件的地区也可在气温升至 10 ～ 12℃时播种，华中地区一般在 4 月中旬播种。圆山药生长在浅层土壤中，不适合播种过深。一般穴深 7 ～ 8 厘米即可。穴中土壤要细碎，切块断面要向上，让块茎表皮层尽量接触土壤。覆土 1 厘米，加上堆肥、坑土等，足有 2 ～ 3 厘米厚，这是较为理想的播种深度。每 667 平方米栽植 3 000 ～ 4 000 株为宜，1.5 米的畦栽 2 行，1 米的畦栽 1 行，株距以 30 厘米为宜。生产中应掌握以下原则：支架栽培较密，爬地栽培较稀；肥沃土壤较密，贫瘠

土地较疏；留种栽培较稀。

(4)田间管理。

一是肥料管理。圆山药一般4月播种，施足基肥，追肥在6月上中旬追施，追肥方法多是在畦中开沟进行沟施，然后覆土。结合施肥，在畦间和畦面要普遍喷施除草剂。追肥主要施用化肥，6月上旬每667平方米施尿素15～30千克。生产中一般追肥1次即可，如果不足，可再追肥1次，但8月上旬以后要停止追肥。追肥要在雨前进行，并尽量避开茎叶，施肥后及时灌水。

二是水分管理。圆山药入土不深，忌土壤干燥。特别是在块茎膨大期若遇到干旱，不但影响膨大，而且会使表皮粗糙，块茎变形，降低商品质量。如有积水，对植株生育也会不利，将造成缺氧腐烂。一般从7月下旬进入现蕾期后，地下块茎开始膨大，需水量不断增加，直到9月下旬茎叶开始变黄时，都要注意浇水。第一次浇水多在7月，以保持土壤表层湿润为度。此后，根据土壤墒情，及时浇水。

浇水时不能一次浇水太多，切忌大水漫灌，要在夜间或清晨浇水，避免白天浇水。不能过干或过湿，维持土壤表层的适宜湿度即可。夏日多雨季节，要注意排涝，做到田间无积水。为了保持土壤适宜湿度，在6月下旬以后可进行地面覆盖，一般以覆盖稻草为宜，覆盖塑料膜也可。覆盖塑料薄膜不能过早，一般6月底幼芽长出后覆盖。

三是植株管理。一个块茎植入土中，只准有一个幼芽形成一个植株，若生出2～3个植株，要将多余的及时除去。为了避免出现2～3个芽，在栽培上要使土壤细碎。盖塑料薄膜过早的，幼芽出土时无孔便会死去，旁边也会长出几个幼芽。在块茎上用刀切开1厘米深的裂缝，可以避免出现多个幼芽。

圆山药搭架栽培多实行小架支柱，一般架高在1米以下。支柱埋在畦中间，2行苗埋一排，5～6株苗埋一根支柱，在块茎发芽前埋好。在强风和干旱地区，要实行爬地栽培，植株覆盖畦面，既可保持土壤湿润，又可防止折断茎叶，还可提高块茎品质。在有些地区和有些田块，圆山药爬地栽培可获得比搭架栽培更好的效果。

(5)收获。圆山药可在入冬前一次性同期收获，还可分期收获，也可在翌年春天收获。一般在茎叶枯死、块茎充分肥大后，一次性采收。我国福建、台湾等地，一般从10月底开始采收，到11月中旬一次性收完。若想提早上市，可提前到9月下旬或10月上旬收获。考虑到贮藏条件和土地利用，有些地方也可到翌年3月再进行收获。圆山药的耐寒性较强，可在田间越冬而不受冻害。

多用铁锨深挖10～20厘米收获圆山药，一株一株地收取。采收中，要防止铲破或碰伤块茎。同时，要将腐败枝叶集中烧毁，以消灭病虫源。收获后，尽快将块茎运入屋中，以免干燥，小心地除去根部，分级堆放贮藏或运销市场。如果利用挖掘机进行收获，播种时要使畦宽窄一致，否则块茎损伤太大，但机械收获省工省力，是山药产业化种植的发展方向。

123 如何栽培扁山药？

（1）整地施肥。我国的扁山药栽培，主要在东南和华中地区，一般和水稻轮作，也有和甘蔗、花生等普通的栽培作物轮作。多肥栽培的果菜类不适合作前作。种植扁山药的土层一定要保持松软，地块应注意深耕，并把土壤碎细化。不同土质会对山药的长短和产量造成不同的影响。沙性土壤适宜栽培短粗的扁山药类型，不但产量高，而且品质也好。

一般情况下，每 667 平方米应施入腐熟的堆厩肥 4 000 ～ 5 000 千克。施用家畜粪时，应和堆肥、钙镁磷肥等一起作为基肥施入。可施入钙镁磷肥 50 千克，作为基肥。在前茬多施一些有机肥，以使其更好地腐熟而便于利用。同时，土壤 pH 值应保持在 6.0 ～ 6.5。由于扁山药的根群多集中在深 50 厘米以内的土层，因而耕作深度应为 40 ～ 50 厘米。

（2）种栽的准备。

块茎的选择。应选择上部断面圆形或椭圆形、肉质较厚且坚实、毛根细而少、无病虫害的茎块，单个块茎重最好在 200 克左右。

块茎的切割。扁山药块茎各部位的优势不同，切块时要有所区别。顶端，即靠近地上茎基部的一段，优势明显，切块可相对小一点，一般为 50 克左右；顶端往下的块茎，即中间部位，切块为 60 ～ 70 克较合适；最下端的部位，因块茎不够充实，切块一般为 80 克左右。块茎的上部块茎产量高，越到下部产量越低，平均上部比中、下部产量提高 10%以上。

切割块茎的时机应在块茎的休眠期，一般在 12 月至翌年 1 月最为合适。切块茎时切割器具要注意消毒保持清洁卫生。切割前所选用的块茎，用 40%甲醛 80 倍稀释液浸泡 20 分钟，然后放在干净的席子上晾 2 ～ 3 小时，再置于室内暗处继续晾 1 天。块茎块切好后，再用 40%甲醛 80 倍稀释液消毒 20 分钟，置于阴凉处散失水分，最后再涂上草木灰或消石灰进行贮存。

（3）科学播种。

适期播种。扁山药播种时，地温应稳定在 11 ～ 12℃。我国华东沿海各省刚好进入 4 月，有些地区为 4 月中旬。同时，播种适期还有一个标准，就是观看块茎表面是否有毛根出现，一定要赶在毛根活动之前播种扁山药。若播种过晚，易伤芽伤根，造成缺苗断垄。若播种过早、地温过低，块茎长时间埋在土中不能发芽，或发芽过迟，将使发芽率大大降低。

播种深度。扁山药播种深度要适宜，一般为 10 ～ 15 厘米，沙性土壤以 13 ～ 15 厘米为宜。壤土或较黏的土壤要求浅播，可控制在 10 厘米左右，但不能浅于 5 厘

米，否则，容易受到干旱的威胁。

栽植距离。扁山药的栽植距离，根据不同品种、地域和栽培目的而不同，也受块茎大小和用种量的影响，还要看对总产量和单重的要求。一般情况下，行距为 60 ～ 70 厘米，株距为 20 ～ 25 厘米。扁山药的种植距离要均匀一致，以保证出芽整齐，便于管理。在摆块茎时一定要将块茎的皮层部分摆在下面，使其多接触土壤，便于吸水萌发。同时，要按照深浅要求，摆在同一水平上。覆土也要均匀一致，还要适当镇压。如果土壤过湿或播种较深时，则不需要镇压。

(4)田间管理。

合理施肥。在冬前要施入足量的基肥，翌年春季播种前结合整地作畦施入一定的肥料。一般每 667 平方米可施腐熟的堆厩肥 2 000 千克或化肥 50 ～ 70 千克。在整个生育期间，化肥的 70%宜作基肥施入，30%作为追肥施入。磷肥要早施，追肥以氮肥和钾肥为主，要多使用复合多元肥料。在 6 月上中旬施 1 次肥，7 月下旬施 1 次肥，每次每 667 平方米可施尿素 30 千克。追肥应尽量在雨前施入，若晴天追肥则须及时灌水，以便有足够的水分及时溶解化肥。肥料要撒在畦间，避开植株茎叶。追肥可结合中耕除草，将肥料混入土中。

科学管水。从块茎开始形成到膨大盛期，是需水量最大的时期，缺水时极易造成生长不良。因此，从 6 月下旬一直到 9 月中旬，要特别注意水分供应，扁山药是浅根系群，应绝对避免土壤干燥。在山药膨大时期，每 5 ～ 7 天浇水一次，每次浇水 30 ～ 50 毫米即可，避免大水漫灌，最好进行喷灌，既省水省工，又均匀，有利于山药的正常膨大。

地面覆盖。用农作物秸秆进行地面覆盖，可保持扁山药种植田的适宜湿度，避免水分蒸发，防止土壤干燥。一般 6 月中旬进行覆盖，对覆盖后长出的杂草，可用除草剂灭除，也可用手拔去，除草越早越好。

爬地栽培。扁山药可采用爬地栽培，可任其爬地生长，中间调整一下蔓，使其均匀布满地面即可。这种栽培方式有利于保温保湿、抗旱以及抵抗风灾与节省投资等。

支架栽培。支架栽培的产量与爬地栽培相比，可提高 40%～ 60%。支架栽培的优越性主要表现在：一是光合作用明显改善。由于立有支架，茎蔓顺支架形成立体布局，受光面积要比爬地栽培大得多。二是通风条件良好。蔓起架以后，植株枝叶之间与植株之间都形成了良好的通风环境，地面的通风也得到改善，有利于植株的正常生育，同时也减少了病虫害。

收获。扁山药收获一般从 10 月中下旬茎叶变黄以后开始，一直延续到翌年 5 月。收获时，先将枯枝黄叶集中起来烧掉，然后从畦的一侧用铁锨挖沟，露出块茎后用铁锨挖出，同时将覆盖的稻草、麦秸填压在沟中。

124 山药种植中的主要病虫害有哪些？

山药从播种、收获到贮藏的整个过程中都可能遭受各种病原菌的侵害，有些病原菌可以在山药生长的各个时期侵害，有的则只在山药生长的某一个或几个时期侵害，严重地影响了山药的商品性。

山药病害主要有炭疽病、斑纹病、斑枯病、褐斑病、灰斑病、枯萎病、根茎腐病、褐腐病、叶锈病、根茎瘤病、疫病和花叶病等；害虫主要有线虫、金针虫、蛴螬、小地老虎、斜纹夜蛾、叶蜂、盲蝽象、薯蓣叶甲、蝼蛄等。

125 如何防治山药炭疽病？

山药炭疽病在山药生产中普遍发生，在整个生育期都可造成危害，高温多雨季节尤为严重，病原菌为胶孢炭疽菌，一般多为苗期侵染(图 39)。若早发防控不佳，一旦病害流行，发病率为 50%左右，严重时可达 100%，减产幅度 20%～ 50%，或者更大。

防治主要从以下几个方面进行：

(1)农业防治。避免连作，实行轮作。施用腐熟有机肥，均衡氮、磷、钾，避免偏施氮肥。合理灌溉，控制田间湿度。苗期及早支高架，改善田间小气候。适时中耕除草，合理密植，改善透光通风条件。发病初期及时拔除中心病株，采后田间病残体和残渣及时集中处理，减少越冬病原物。

(2)化学防治。播种前用波尔多液或 50%多菌灵 500 倍稀释液对种栽或种苗进行浸种；发病前和生长初期可喷施 50%福美双可湿性粉剂 500 ～ 600 倍稀释液或 70%代森锰锌可湿性粉剂 1 000 倍稀释液进行预防；发病后，可用 70%甲基托布津可湿性粉剂 1 200 倍稀释液或 58%甲霜灵锰锌可湿性粉剂 500 倍稀释液或 80%炭疽福美可湿性粉剂 800 倍稀释液或 77%可杀得可湿性粉剂 500 ～ 600 倍稀释液或 25%雷多米尔可湿性剂 800 ～ 1 000 倍稀释液交替喷施叶面，连续喷施 2 ～ 3 次，每次间隔 7 天左右。

图 39　山药炭疽病病叶

126 如何防治山药斑纹病？

山药斑纹病又称为山药白涩病，主要危害叶片，叶柄和茎上有时也会长出圆形病斑（图 40），病原菌为半知菌亚门柱盘孢属真菌。防治方法主要有以下几种：一是平衡施肥，避免偏施氮肥。二是山药收获后及时清除田间残株和杂草，深埋或焚烧。三是适当轮作，对于发病重的田块进行 1 ～ 2 年的轮作。四是采用高支架栽培，加强田间通风透光，调节田间小气候。五是药剂防治，可选用 70%代森锰锌 800 倍稀释液或 50%甲基托布津 500 倍稀释液交替进行叶面喷雾，连续喷施 2 ～ 3 次，每次间隔 10 天左右。

图 40　山药斑纹病病叶

127 如何防治山药斑枯病？

山药斑枯病主要于山药生育中后期危害叶片（图 41），导致叶片干枯，严重时全株死亡，严重影响产量，病原菌为半知菌亚门壳针孢属真菌。随着山药种植面积的扩大，该病呈日益严重的趋势。防治方法可参照炭疽病的防治，主要从以下几个方面进行：

（1）山药收获后及时清除残株和病残体，减少越冬病原菌。

（2）避免连作，实行轮作，加强田间水肥管理，施用腐熟有机肥，及时清沟排渍，改善田间通风透光性，控制田间小气候。

（3）栽种前，种栽经波尔多液（1∶1∶150）浸种 10 ～ 15 分钟消毒处理，减少种栽带菌。

（4）发病前和山药生长初期用 77%可杀得可湿性粉剂 500 ～ 600 倍稀释液或 50%福美双可湿性粉剂 500 ～ 600 倍稀释液或 70%代森锰锌可湿性粉剂 1 000 倍稀释液喷雾预防；发病后，用 70%甲基托布津可湿性粉剂 1 200 倍稀释液或 50%甲霜灵锰锌可湿性粉剂 800 ～ 1 000 倍稀释液交替喷雾，可控制病害。

图 41　山药斑枯病病叶

128 如何防治山药褐斑病？

山药褐斑病也称为山药斑点病，主要危害山药叶片（图 42），严重时导致落叶，病原菌为半知菌亚门薯蓣尾孢。在河南、浙江、江苏、吉林、山东等产地发生严重，生产上可从以下几个方面进行防治：

（1）选择通风良好、地势较高的地块进行种植，控制种植密度，保证田间通风透光。

（2）因地制宜设计畦向，适当增加行距，及早支高架，清沟排渍，降低田间湿度。

（3）做好水肥管理，防止植株早衰。

（4）山药收获后及时清除田间残株和病残体，深埋或烧毁，减少越冬病原菌。

图 42　山药褐斑病病叶

(5)栽种前，种栽用波尔多液(1∶1∶150)浸种 10 ～ 15 分钟消毒处理，减少种栽带菌。

(6)发现病叶或病株及时清除，发病初期及时喷施药剂防治。可用 50%多菌灵可湿性粉剂 500 倍稀释液，或 70%甲基托布津可湿性粉剂 800 倍稀释液＋ 30%氢氧化铜悬浮剂 600 倍稀释液混合液，或 75%百菌清可湿性粉剂 1 000 倍稀释液＋ 70%甲基硫菌灵可湿性粉剂 1 000 倍稀释液混合液等交替进行叶面喷施，连续喷施 2 次左右，每次间隔 10 天左右。

129 如何防治山药灰斑病？

山药灰斑病又称为山药大褐斑病，危害山药叶柄、叶片和茎蔓(图 43)，可造成山药茎蔓枯死或落叶，严重时全株死亡，主要在我国南方山药产区发生，北方较少，病原菌为薯蓣色链隔孢。防治主要从以下几个方面进行：

(1)选择抗病或耐病品种在地势较高田块或高垄深沟种植，加强田间水肥管理。

(2)发病田块应与非寄主作物进行 2 年以上轮作。

(3)山药收获后及时清除田间病残株，集中深埋或烧毁。

(4)栽种前，种栽用波尔多液(1∶1∶150)浸泡 10 ～ 15 分钟消毒杀菌，减少种栽带菌。

(5)因地制宜设计畦向，适当增加行距，及早支高架，清沟排渍，调控田间小气候。

(6)雨季到来前和发病初期，可选用 50%苯菌灵可湿性粉剂 1 500 倍稀释液或 75%百菌清可湿性粉剂 600 倍稀释液或 50%乙霉・多菌灵可湿性粉剂 100 倍稀释液或 40%百霜净胶悬剂喷雾防治。

图 43　山药灰斑病病叶

130 如何防治山药枯萎病？

山药枯萎病也称死藤病、死秧病，主要危害茎蔓基部及地下块茎(图 44)。该病主要通过种栽带菌和土壤传染，病原菌为山药尖镰孢。防治主要从以下几个方面进行：

（1）选择无病健康山药种栽进行种植，播种前种栽用波尔多液（1∶1∶150）浸种10～20分钟，种栽在贮藏前可在其伤口涂石灰粉以防腐烂。

（2）实行轮作，施用有机复合肥或酵素菌沤制的堆肥。

（3）6月中旬用70%代森锰锌可湿性粉剂500倍稀释液或50%多菌灵可湿性粉剂600倍稀释液或70%甲基硫菌灵可湿性粉剂600～700倍稀释液或50%苯菌灵可湿性粉剂1 500倍稀释液灌根，连续4～5次，每次间隔15天左右。

图44　山药枯萎病茎蔓

131 如何防治山药根茎腐病？

山药根茎腐病是山药根腐病和茎腐病的总称，主要危害山药块茎和顶芽附近的根系，山药茎蔓的基部（图45）。该病影响和阻碍根系对水分和养分的吸收与转运，造成茎蔓生长不良，严重时整株枯死，病原菌为半知菌亚门丝核菌属真菌。防治主要从以下几个方面进行：

（1）坚持轮作换茬，施用腐熟有机肥料。

（2）山药收获后，及时清除田间病残株，减少越冬病原菌。将地上部分茎蔓集中烧毁，深埋或高温堆肥。

（3）选用抗病或耐病品种，减轻发病程度。

图45　山药根茎腐病

(4)播种前种栽用50%多菌灵可湿性粉剂500倍稀释液浸种30分钟消毒杀菌，晾干后播种，以减少种栽带菌。

(5)因地制宜设计畦向，适当增加行距，及早支高架，清沟排渍，中耕除草，调控田间小气候。

(6)播种前每667平方米用50%福美双可湿性粉剂0.5～1.5千克进行土壤消毒；发病初期可用75%百菌清可湿性粉剂600倍稀释液或53.8%氢氧化铜干悬浮剂1 000倍稀释液或50%福美双可湿性粉剂500～600倍稀释液或50%多菌灵400～500倍稀释液或75%的百菌清600倍稀释液或95%敌磺钠可溶性粉剂200～300倍稀释液灌根，共灌2～3次，每次间隔15天左右。

132 如何防治山药褐腐病?

山药褐腐病又称褐色腐败病，是山药生产上的主要病害，主要危害山药地下块茎(图46)，发病初期症状表现得并不明显，收获时才发现受害，病原菌为半知菌亚门腐皮镰孢菌。防治主要从以下几个方面进行：

(1)选用健全种栽，不用带病种栽作种，必要时把种栽切面阴干20～25天。

(2)实行轮作，可与白菜及葱蒜类作物进行轮作，水旱轮作效果更好。

(3)收获时彻底收集病残物烧毁，并深翻晒土或利用太阳热和薄膜密封消毒土壤。

(4)因地制宜设计畦向，适当增加行距，及早支高架，清沟排渍，中耕除草，调控田间小气候。

(5)播种前用70%甲基硫菌灵可湿性粉剂或95%敌磺钠可溶性粉剂或50%多菌灵可湿性粉剂进行土壤处理，每667平方米用药1.0～1.5千克；发病期可施用40%多硫悬浮剂500倍稀释液或50%多菌灵可湿性粉剂800倍稀释液或70%甲基硫菌灵可湿性粉剂600倍稀释液，共使用1～2次，每次间隔10天左右。

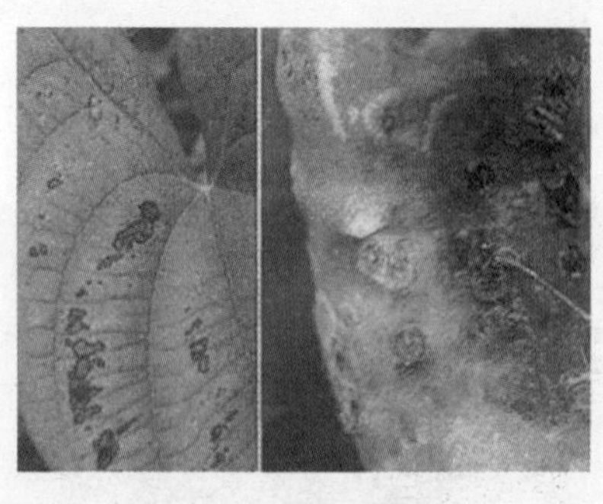

图46 山药褐腐病

133 如何防治山药叶锈病?

山药叶锈病主要危害叶片(图47)，严重时茎蔓部和叶柄也有发生，最后导致全株落叶枯死，病原菌为担子菌亚门锈菌目真菌。防治主要从以下几个方面进行：

（1）山药收获后，及时清除田间病残株，减少越冬病原菌。将地上部分茎蔓集中烧毁，深埋或高温堆肥。

（2）播种前种栽用波尔多液（1∶1∶50）浸泡10～15分钟消毒，减少种栽带菌。

（3）选择抗病或耐病品种，实行轮作。

（4）发病后，应立即摘除病叶、烧掉病株，用50%多菌灵可湿性粉剂500倍稀释液于叶面喷施，连续用药3～4次，每次间隔7天。

图47　山药叶锈病病叶

134 如何防治山药根茎瘤病？

山药根茎瘤病是近年来新发现的山药病害，危害很大，重病田块可导致绝收。该病是在山药近栽子处30厘米左右长度的块茎上着生5～25毫米无食用价值的球形或长球形瘤，有时整株块茎全为球瘤，长有球瘤的块茎不能贮藏，很快会腐烂，该病由根结线虫引起。防治可从以下几个方面进行：

（1）轮作换茬是防治根茎瘤病的主要措施。一般没发现有根茎瘤病的田块重茬2年后换茬，如果田间发现该病，则立即换茬，换茬时尽量选用前茬为禾本科作物，避免选用牛蒡茬和山芋茬。

（2）选用健康无病的种栽进行种植，整地前每667平方米用1.1%苦参碱水剂500～1 000克，与肥料或细土拌匀，撒施后耕翻。

（3）一般山药出苗后20～30天，块茎开始形成时，进行病害普查。方法是扒开土，若发现幼块茎最下部是平顶或表皮上有直径为1毫米左右的小米粒突起时，说明有根茎瘤病发生，应立即用1.1%苦参碱水剂500～1 000倍稀释液灌根，10天一次，连灌2～3次可明显减轻病害。

135 如何防治山药红斑病？

山药红斑病是由线虫引起的病害，主要危害山药地下块茎的发育（图48）。染病块茎小，重量轻，严重时减产60%以上，是近年来发生的一种新病害，河北、河南、山东、山西和陕西等省均有分布。防治可从以下几个方面进行：

图 48　山药红斑病

(1) 选用抗病或耐病品种，或与小麦、玉米、甘薯、马铃薯、棉花、烟草、辣椒、茄子、番茄、芥菜、萝卜、胡萝卜、西瓜、板蓝根、紫菀、黄芪、北沙参、白术、苋菜、马齿苋等不被侵染的作物实行 3 年以上轮作。

(2) 山药收获后，及时清除田间病残株，减少越冬病原菌。

(3) 选用无病种栽播种，播种前晾晒，然后用波尔多液(1∶1∶150)浸种 10 分钟消毒杀菌。

(4)播种整地坚持高垄、高畦、短行，做到田面整齐，行长 30 ～ 50 米间挖一条横沟，确保汛期和块茎膨大后期的排水通畅。

(5)对山药红斑病可用土壤净化剂(氰氨化钙)与有机肥混合施在沟内或撒施在耕作层内，每 667 平方米用量 50 ～ 100 千克，在种植前 7 ～ 10 天旋耕，作垄并压上盖膜，密闭 5 ～ 7 天，揭膜后晾 2 ～ 4 天，即可种植山药，对于没有催出芽的山药块茎，可不用晾晒直接种植，具有打破休眠的作用。

(6) 结合整地或挖土回填，播前每 667 平方米沟施或穴施 10%噻唑膦颗粒剂 1.5 ～ 2.0 千克，或每 667 平方米用 50%辛硫磷乳油 0.5 千克，直接在种植沟进行土壤消毒，可减轻危害。

(7)浇灌 1.8%阿维菌素乳油 1 500 ～ 2 000 倍稀释液或每平方米施硫酰胺 50 克，可杀死深土层中的线虫。

136　如何防治山药根结线虫病？

山药根结线虫病由爪哇根结线虫、南方根结线虫和花生根结线虫引起，危害山药块茎和根系(图 49)。受害山药块茎表面呈暗褐色，无光泽，大多数畸形，在根结线虫侵入点附近肿胀凸起，并出现很多直径为 2 ～ 7 毫米的线虫根结，严重时根结联合在一处。山药根系受到根结线虫危害后，产生米粒大小的根结。剖视病部，能见到乳白色的线虫。山药根结线虫病能使整个山药植株生长势变弱，叶片变小，直到发黄脱落。防治可从以下几个方面进行：

（1）建立无病留种田，繁育无病种苗，选用抗（耐）病品种。

（2）提倡与蒜、韭菜、大葱、洋葱等耐线虫病的作物进行 3 年以上轮作，并彻底铲除田间杂草。

（3）施足充分腐熟粪肥，增施磷肥、钾肥。合理灌水，切忌串灌，防止水流传播。

（4）清洁田园，大水漫灌，使土壤水分饱和保持 20 天以上。

图 49　山药根结线虫病病茎

（5）在整地前，每 667 平方米用 10%防线剂 1 号乳油 2.0 ～ 2.5 千克加细土 20 千克制成药土，栽种时撒入穴内然后覆土，或用 10%噻唑膦颗粒剂 1.5 ～ 2.0 千克、5%米乐尔颗粒剂 3.6 千克，栽种时分层撒施。

（6）山药根结线虫严重的地块采用氰氨化钙全面消毒，氰氨化钙与有机肥混合撒在耕作层，种植前 10 天旋耕后压上盖膜，密闭 5 ～ 7 天，揭开地膜后晾 2 ～ 4 天，即可栽种山药。

137　如何防治山药根腐线虫病？

山药根腐线虫病是新发现的病害，主要危害块茎和根系。长江以北山药产区均有不同程度的发生，田间发病率为 30%～ 80%，重病田可达 100%，减产幅度 20%以上。该病由薯蓣短体线虫、穿刺短体线虫和咖啡短体线虫引起。在山药整个生长期内均可发生，发病初期危害山药种栽、幼根和幼茎，发病后期则危害山药块茎。此病不但严重影响山药的产量和品质，而且影响种栽的贮藏。防治可从以下几个方面进行：

（1）选用不带病原的种栽，有条件的还可实行温汤浸种。

（2）山药可与小麦、玉米、白菜、萝卜换茬，实行 3 年以上合理轮作。

(3) 对土壤消毒（在病害发生较重的情况下），在播种前每667平方米可施用10%噻唑膦颗粒剂2千克或每克含2.5亿个孢子的厚孢轮枝菌粉粒剂1.5～2.0千克，兑水200倍左右，充分混匀，使药剂均匀喷施在深30厘米以内的土层中，然后种植。

138 如何防治山药病毒病?

山药感染的病毒主要以山药花叶病毒、马铃薯A病毒和马铃薯M病毒为主。一般种栽普遍带病毒，导致种性退化，产量下降，品质降低。感染病毒病的植株表现为叶扭曲、皱缩，叶绿体变少，叶色异常，株型变小，虽然不会导致植株死亡，但会引起山药产量和品质的下降。防治可从以下几个方面进行：

(1)各地应建立脱毒种栽繁育基地，推广茎尖组织脱毒，获得无病毒种栽，同时培育或利用抗病或耐病品种。

(2)出苗前后及时防治蚜虫等，切断传播途径，防止病毒的传播蔓延。

(3)改进栽培措施，包括留种田远离茄科菜地；及早拔除病株；实行精耕细作，高垄栽培，及时培土；避免偏施、过施氮肥，增施磷肥、钾肥；注意中耕除草；控制浇水，严防大水漫灌等。

139 山药地下害虫发生规律是什么？如何防治?

危害山药的地下害虫主要有沟金针虫、蛴螬、小地老虎和蝼蛄等，其不仅咬食、截断山药，使山药块茎不能正常生长，造成山药畸形，而且伤口又为病原菌的侵染提供了有利条件，进而导致块茎腐烂。为了提高防效，可结合地下害虫的发生规律进行综合防治。

沟金针虫

沟金针虫(图50)又称叩头虫、沟叩头虫、芨芨虫和钢丝虫，属于多食性地下害虫。在我国主要分布于辽宁、河北、内蒙古、山西、河南、山东、江苏、安徽、湖北、陕西、甘肃、青海等地。以幼虫钻入植株根部及茎的近地面部分危害，蛀食地下嫩茎及髓部，使山药幼苗地上部分叶片变黄、枯萎，危害严重时造成缺苗断垄，甚至全田毁坏。沟金针虫在旱作区有机质缺乏、土质疏松的粉沙壤土和粉沙黏壤土地带发生较重。雌虫不能飞翔，行动迟缓，且多在原地交尾产卵，因此其在田间的虫口分布很不均匀。

图50 沟金针虫

沟金针虫的防治方法主要有以下几个方面：

（1）轮作换茬，一般 3 ～ 4 年轮作 1 次较好。

（2）翻耕暴晒，减少越冬虫源。冬前耕翻土地 25 ～ 30 厘米深，把越冬的成虫、幼虫翻至地表，使其冻死、晒死或被天敌捕食。

（3）加强田间管理，清除田间杂草，减少幼虫食物来源。

（4）施用腐熟的有机肥。充分腐熟的有机肥能改变土壤通气、透水性能，使作物生长健壮，增强抗病抗虫性。

（5）播种或定植时每 667 平方米用 5%辛硫磷颗粒剂 1.5 ～ 2.0 千克拌细干土 100 千克撒施在沟（穴）中，然后播种。

（6）利用沟金针虫的趋光性，在开始盛发和盛发期间在田间地头设置黑光灯，诱杀成虫，减少田间卵量。

（7）施用毒谷。用 90%晶体敌百虫 0.15 千克兑水成 30 倍稀释液，将谷秕煮半熟，晾半干拌药，制成毒谷。每 667 平方米施 1.5 ～ 2.5 千克，撒于土表面，再用锄头将表土松一松，这样可以增加防治效果。

（8）施用毒饵。一是用 90%晶体敌百虫 0.15 千克兑水成 30 倍稀释液，与炒香的麦麸或豆饼或棉籽饼 5 千克制成毒饵，在无风闷热的傍晚施用效果更好。二是用 40%～ 50%乐果乳油 100 克兑水 5 升，拌 50 千克炒至糊香的饵料（麦麸、豆饼、玉米碎粒等），每隔 3 ～ 4 米刨一个碗口大的坑，放一把毒饵后再覆土，每隔 2 米左右放 1 行毒饵。每 667 平方米用毒饵 1.5 ～ 2.0 千克。

（9）用药剂灌根。用 50%辛硫磷乳油 1 000 倍稀释液或用 90%晶体敌百虫 800 倍稀释液或 25%甲萘威可湿性粉剂 800 倍稀释液灌根，每株灌药液 150 ～ 250 毫升，杀死幼虫。

（10）药剂防治。在成虫发生盛期，用 90%晶体敌百虫 800 倍稀释液或 80%敌敌畏乳油 1 000 倍稀释液，于傍晚喷雾，隔 7 ～ 10 天一次，连续防治 2 ～ 3 次。

蛴螬

蛴螬（图 51）为金龟子幼虫，属于鞘翅目金龟子科。危害山药的主要是大黑金龟子、暗黑金龟子和铜绿金龟子等金龟子幼虫。成虫将卵产在土壤层中，幼虫孵化后以咀嚼式口器取食山药的地下块茎，并形成隧道在其中继续蛀食。主要危害山药地下块茎和根系，直接咬断山药幼苗的根系，损伤块茎生长点，造成块茎分叉，并将排泄物堆于山药地下块茎表皮附近。幼虫在地下块茎内造室并化蛹于其中，羽化后成虫从地下孔洞钻出。被金龟子幼虫危害的山药，由于地下块茎部受损，影响山药的产量和质量，严重时由细菌感染致使块茎腐烂，造成重大损失。

图 51　蛴螬

在同一地区同一地块，常为三种蛴螬混合发生，世代重叠，发生和危害时期很不一致，因此只有在普遍掌握虫情的基础上，根据金龟子幼虫和成虫的种类、密度等，采取相应的综合防治措施，才能收到良好的防治效果。具体的防治方法主要有以下几个方面：

（1）秋耕或初冬翻地深 40 厘米左右可直接消灭一部分蛴螬，同时将大量蛴螬暴露于地表，使其冻死、晒死或被天敌捕食。

（2）山药采收后立即灌水，可降低田间虫口基数，灌水 10 天以上，蛴螬死亡率为 55%以上。

（3）做好预测预报工作。由于蛴螬为土栖昆虫，生活、危害于地下，具有隐蔽性，并且主要在山药苗期猖獗，一旦发现危害，往往已错过防治适期，因此要加强预测预报工作，调查和掌握发生盛期，采取措施，及时防治。一般通过田间掘土观测蛴螬数量和危害情况。每平方米发现 3 头以上就为蛴螬大发生期，必须立即采取防治措施。

（4）实行水旱轮作；不施未腐熟的有机肥料，以防止招引成虫产卵；精耕细作，及时镇压土壤，清除田间杂草。

（5）蛴螬发生较重的田块，前茬要避免种植豆类、花生、甘薯和玉米等作物。

（6）药剂处理土壤。山药播种前，每 667 平方米用 50%辛硫磷乳油 250 克，加水 10 倍喷于 25 ～ 30 千克细土上拌匀制成毒土，施于山药沟内，每 667 平方米还可用 5%辛硫磷颗粒剂或 5%二嗪磷颗粒剂 2.5 ～ 3.0 千克处理土壤。

（7）春耕时拣除害虫，每天早晨在山药苗受害处翻土捉杀，消灭幼虫。

（8）在 6 月中下旬至 7 月初山药生长期，也可以每 667 平方米用 5%辛硫磷颗粒剂 2.5 千克，于山药行间开沟撒施，施后中耕松土。

（9）人工捕虫。生长期间在被害植株根际附近捕杀幼虫，也可利用成虫的假死性，集中振落捕杀成虫。有条件地区，可利用成虫的趋光性，用黑光灯或频振灯诱杀成虫，减少蛴螬的发生数量。

（10）药剂防治。在幼虫发生盛期，用80%敌百虫可溶性粉剂800倍稀释液或25%甲萘威可湿性粉剂800倍稀释液灌根，每株灌药液150～250毫升，杀灭幼虫。在成虫发生盛期，用90%晶体敌百虫800倍稀释液于傍晚喷雾，隔7～10天一次，连续防治2～3次。毒饵诱杀，每667平方米用厩肥100千克，拌2.5%敌百虫粉剂2～3千克，或用25%辛硫磷胶囊剂150～200克拌谷子等饵料5千克，或用50%辛硫磷乳油50～100克拌饵料3～4千克，撒施种植行间，亦可收到良好的防治效果。

小地老虎

小地老虎（图52）俗称土蚕，为杂食性害虫，在全国各地普遍发生，以雨量丰富、气候湿润的长江流域和东南沿海发生量大，东北地区多发生在东部和南部湿润地区。其危害山药茎蔓基部近地表层1～3厘米处的幼苗、根系和块茎，能造成山药苗整株死亡，严重时会导致大面积缺苗断垄。

图52 小地老虎

小地老虎的防治方法主要有以下几个方面：

（1）做好预测预报工作。对成虫的测报可采用黑光灯或蜜糖液诱蛾器，在华北地区春季自4月15日至5月20日设置，如平均每天每台诱蛾5～10头，表示进入发蛾盛期，蛾量最多的一天即为高峰期，过后20～25天即为2～3龄幼虫盛期，为防治适期。诱蛾器如连续两天诱蛾在30头以上，预兆将有大发生的可能。对幼虫的测报采用田间调查的方法，如定苗前每平方米有幼虫0.5～1.0头，或定苗后每平方米有幼虫0.1～0.3头，即应防治。

（2）除草灭虫。山药播种前和出苗后清除田间周围杂草，进行除草灭虫。杂草是小地老虎产卵的场所，也是幼虫向作物转移危害的桥梁。播种前进行精耕细作，以防止小地老虎成虫产卵。如已产卵，并发现1～2龄幼虫，则应先喷药治虫后除草，以免个别幼虫入土隐蔽。清除的杂草，要远离菜田，沤粪处理。

（3）堆草诱杀。在山药播种前，将小地老虎喜食的泡桐叶、莴苣叶、灰菜、白茅、刺儿菜、小旋花、首稽和鹅儿草等堆放田边，诱集小地老虎幼虫，于每日清晨到田间捕捉，然后人工捕杀或拌入药剂毒杀。

（4）人工捕捉幼虫。对高龄幼虫可在清晨到田间检查，在山药苗危害处翻土追捉，消灭幼虫。

（5）诱杀成虫和幼虫。成虫发蛾高峰期，按糖 6 份、醋 3 份、白酒 1 份、水 10 份、90%晶体敌百虫 1 份调匀，傍晚放在田间诱杀成虫。

（6）采用灯光诱杀。利用其趋光性，在开始盛发和盛发期间在田间地头设置黑光灯，诱杀成虫，减少田间卵量。

（7）毒饵诱杀。将炒香的麦麸或豆饼 5 千克，90%晶体敌百虫 200 克，加适量水拌潮，每 667 平方米用 1.5 ～ 2.5 千克，于傍晚前撒于田间诱杀幼虫。

（8）药剂防治。主要在小地老虎 1 ～ 3 龄幼虫期进行。因为这个时期小地老虎的抗药性差，并且尚未入土，暴露在山药植株或地面上，用药效果比较好。可用 21%增效氰戊·马拉松乳油 8 000 倍稀释液或 2.5%溴氰菊酯乳油 3 000 倍稀释液或 90%晶体敌百虫 800 ～ 1 000 倍稀释液或 50%辛硫磷乳油 800 倍稀释液喷杀。喷杀时间以下午为好，地面、杂草和植株下部都要喷到。

140 怎样确定山药收获时期？

山药收获的时间较长，根据需要不同，一般可分为三个采收时期。

（1）夏收。主要指在当年 8—9 月的采收，此时山药还没有完全成熟，非正常情况下的采收，其目的是为了抢市场、补淡季和争效益。采收时应特别小心，在采收、运输过程中要防晒、防损伤，最好是预先联系好买主，随收、随卖。

（2）秋收。一般山药应在茎叶全部枯萎时采收，过早采收不仅产量低，而且含水量多、易折断。采收一般从 9 月下旬至 11 月进行，在地冻之前采收完毕，收获时应保护好山药栽子。零余子可在地下块茎收获前一个月采收，也可在霜前自行脱落前采收。山药一般选择在晴朗天气进行采收，从地上 20 厘米以上割掉主茎，拔除支架再抖落茎蔓上的零余子，分别拾、扫地面的枝叶和零余子，整理好架材（以备来年再用），然后挖收地下块茎。

（3）春收。山药秋熟后，如不急于上市，可在地里保存过冬，延迟到翌年 3 月中、下旬萌芽前采收。

141 山药的采收方法有哪些？

目前生产上主要有以下三种采收方式。

（1）人工挖掘法。即使用山药铲进行人工挖掘。收获时，先在垄的一端开挖出

1 米左右深、60 厘米见方的土坑，土坑挖好后，根据山药块茎和须根生长的分布习性，挖掘山药（图 53）。山药块茎在一般情况下都是与地面垂直向下生长的，不拐弯。所以，挖掘时先将块茎前面和两侧的土取出，直到沟底见到块茎的最尖端，然后自下而上铲掉块茎背面和两侧的须根。在铲到山药块茎上端时，用左手握住山药上端，右手铲断侧根和贴地表面的根系，将完整的山药取出，注意不可损伤根皮。使用该方法采收的山药完整性较好，但费时费工。

（2）机械化采挖法。一般是用小型拖拉机带一个挖掘机，从山药沟一边开始，向前推进，机械手一边操作机械，一边将挖出的山药拔出（图 54）。目前应用范围还不是很广泛。该方法省工省时，但山药的创伤折断率比较高。

图 53　人工挖掘法

图 54　机械化采挖法

（3）水掘法。沙地种植山药可采用水掘法收获。收获时，湿水面积不能太大，应一株一株地进行湿水冲沙疏土，将山药拔出。此法只能在透水性和排水性绝好的沙丘地上采用。采用该方法收获效率可提高 3 ～ 4 倍，且块茎外表干净。但注水收获使沙土与块茎结合得更紧密了，本来翌年不必深耕的地块，必须重耕，增加了翌年的工作量。对山药来讲，带些土不易干裂，易保存，而水掘收获的山药块茎不带土不易保存，而且最怕暴露在太阳光下。

142　山药采后处理应包括哪些方面？贮藏前山药应该如何处理？

山药采收后应注意防冻，特别是北方气温偏低的地方，同时，还要避开高温与日晒，以防变色，稍微晾晒后，轻轻剥净泥土后入库贮存。作为种用的山药块茎或截切的山药切面在贮藏前还要进行消毒杀菌。用于贮藏的山药应粗壮、完整、带头尾，表皮不带泥，不带根须，无铲伤、疤痕、病虫害，未受热和未受霜冻。贮藏前要经

过摊晾、阴干，并进行愈伤。愈伤可在控制室内进行，热带地区可在室外进行。伤口用草木灰处理后，放置室内 2 ～ 3 天或晒 1 ～ 2 小时，伤口愈合后入窖藏。在温度、湿度合适及适当的通风环境中，可以贮藏 6 ～ 7 个月。

143 山药贮藏有哪些方法？

大量收获的山药和留作种用的山药都要进行贮藏处理。山药属耐低温、低湿贮藏的蔬菜，同时还具有生理休眠期。山药块茎休眠期较耐低温，在短期−4℃以下不表现冻害。适宜的贮藏温度为 0 ～ 2℃，相对湿度 90%左右。贮藏期间休眠期结束后，生理代谢变旺盛，块茎表皮长出须根。若贮藏条件不适宜，容易引起腐烂变质。因此，延长山药的休眠期是延长贮藏期的关键。

山药主产区多在我国中部、北部一带，这里无霜期较短，冬季寒冷。一般都在寒冬到来之前，一次性将山药从田中挖掘起来，进行贮藏。有的要贮藏至翌年 4—5 月，甚至 9—10 月。较为暖和的地区，山药可在田中越冬，但到翌年 4 月，需要把山药从田中掘起，送窖中贮藏至新山药上市，也需要贮藏半年时间。

按照贮藏方式的不同可分为堆藏、沟藏、窖藏、通风库贮藏、恒温冷库贮藏和气调贮藏等。

按照贮藏地点的不同可分为室内贮藏和室外贮藏，地上贮藏、地下贮藏和半地下式贮藏等。

按照贮藏时间的不同可将山药的贮藏方法分为冬藏、夏藏和四季贮藏等。

144 冬季贮藏山药应注意哪些问题？

冬季贮藏山药最主要的是防冻。特别是我国北方，更应做好防冻措施，许多南方品种耐低温能力差，易受到冻害的侵袭。山药受到冻害后，块茎内部已逐渐呈吸水海绵状，并易发生腐烂，也易形成褐斑或发生褐变，块茎内淀粉降解为糖，味变香，烹饪时颜色变褐，因而提高防冻保护措施，才能提高山药的商品价值。另外山药宜在霜前收获，收获过迟、气温过低也易致冻害发生。鲜收山药因含水量高，组织脆嫩，极易折断，在收挖、包装与运输过程中，一定要轻拿轻放，小心谨慎，出现碰伤或折断等造成的伤口，要及时处理，以免贮运中因腐烂造成更大的损失。

145 山药宿地越冬应注意哪些问题？

山药应于当年的霜降前进行收挖，而留在地里越冬的情形一般有两种情况：一种情况是因为行情不好，或山药价格较低而需要延迟到明年收挖；另一种情况是因劳动力缺乏，且当年种植的零余子所生长的山药种薯不大而准备留作下一年作种薯的。留在地里宿地越冬的山药，首先应当在垄上覆土培实垄畦，畅通垄沟，防止田间因下雨积水。其次是翌年2—3月，对应出售的商品山药，应在其萌动发新芽前及时收挖出售，若已经开始发新芽，要及时灭芽收挖。对不收挖来年继续作种薯的山药，应在其出苗前进行田间除草、整地施肥、培实垄畦、疏沟、搭架等准备工作。

146 山药夏季贮藏如何抑制其萌芽？

夏季因气温高，冬贮的山药也已经度过了休眠期，很容易发芽，抑制其萌芽的主要措施为：一是严格控制贮藏温度与湿度。使贮藏期间的温度保持在2～4℃，最高不超过5℃，空气相对湿度保持在80%～90%。二是使用植物生长抑制剂脱落酸（ABA）。在休眠期间，山药块茎内本身存在一种脱落酸的天然抑制剂，控制着其不能萌发。将该抑制剂按要求配制成相应浓度的药剂，对贮藏的块茎进行喷雾。

147 山药采收后转运与短时存放需要注意哪些关键点？

山药在转运过程中容易受到各种病原微生物的侵染导致块茎腐烂。因此山药运输期间要求的环境条件基本与短期贮藏的一致。

（1）山药转运过程时间要短、速度要快。

（2）一次性将山药放置于包装箱内，轻拿轻放，避免划伤块茎。

（3）运输期间和短期贮藏要求的温度范围为5～15℃。

（4）在运输中超过以上适温范围，就要人工调节，确保山药运输安全。

148 窖藏山药的方法有哪些，需要注意的事项有哪几点？

窖藏的方法主要有棚窖、井窖、土窖、通风库贮藏。

（1）棚窖一般选择在地势高燥、地下水位低和空气畅通的地方构筑，进排气孔设在窖顶或窖的侧墙上（贮藏量少可不设气孔），进出口通常设在窖顶，贮量大时，常在窖的南侧或东侧开设窖门，用坡道与窖底相连，出入方便。

（2）井窖通风面积小，空气流通不畅，二氧化碳积存多，人出入窖时应注意安全。

（3）土窖的通风差，应选择合适的土质和地形。

（4）山药入通风库前要进行分级，库内要分层设置层架，每层的架高1米左右，架与架之间要留有空隙，以便操作和通风。通风库的放风主要服从于库内温度的管理要求。

149 山药机械冷库贮藏与气调贮藏各有何特性？

（1）机械冷库贮藏是通过专门的制冷装置，消耗一定的外界能源，迫使热量从温度较低的库内转移至温度较高的冷却介质，得到山药贮藏所需要的适宜低温。其特点是机械冷库贮藏不受外界环境条件影响，可以终年维持冷库内所需要的低温，

便于调整库内相对湿度。

(2)气调贮藏即调节气体贮藏，是当今国际上广为应用的果蔬贮藏方法。气调贮藏是在冷藏基础上，将山药块茎周围的氧气和二氧化碳含量保持一定水平，使其更有利于抵制山药的各种代谢以及微生物的活动，从而保持山药的良好品质，延长贮藏寿命。气调贮藏的特点主要是降低正常空气中的氧气含量和增加二氧化碳含量，并同时将山药用塑料膜袋封闭包装，使其保持较低的呼吸状态，达到贮藏与保鲜的目的。

150 山药贮藏期应注意哪些事项?

(1)及时检查。山药贮藏期间要勤检查，一般前期30天检查一次，剔除损伤、腐烂块茎等。

(2)视情况采取对策。贮藏期间若检查发现温度和湿度不在正常范围内，应及时采取措施，让贮藏条件保持在适宜而稳定的范围。

(3)严防鼠害。贮藏前检查贮放山药的场所，贮藏期间也要定期灭鼠，防止造成损失。

151 如何包装、运输山药?

山药的含水量高，易碎易断，长途运输必须进行包装。山药包装物主要用瓦楞纸箱，规格根据山药的种类进行包装，一般每箱10千克。

山药在运输途中仍进行生理活动，病原微生物随时可能侵染导致块茎腐烂。运输期间环境条件应与短期贮藏一致，运输中的适宜温度范围应控制在5～15℃。运输要求速度快、时间短，尽量减少途中不适因素对块茎的影响。

152 鲜山药是如何加工的?

一是进行原料选择，一般应按要求选择表皮光滑、干净，无病虫害，无机械损伤，色泽鲜艳，形体通直，长度65厘米，粗度3厘米以上的块茎；二是用清水洗净泥土，剪去表皮须根；三是切段消毒，一般按装箱要求的长度切成合适的段，并对切面用石灰粉或超微代森锰锌粉剂处理，并进行晾晒，促使伤口愈合，防止运输途中腐烂；四是包装，按要求的数量装入塑料袋并用瓦楞纸箱包装。

153 干山药的加工工艺及操作方法是怎样的?

(1)工艺流程。原料选择→浸水、去皮→熏硫→脱水→晒干→浸泡→搓圆、晒干。

(2)操作方法。①原料选择。选用一定粗度、无机械损伤、无病虫害的山药。②浸水、去皮。山药洗净，浸入水中1天后取出，刮净外皮。③熏硫。每100千克鲜山药用1.1千克硫黄密闭熏蒸48小时。④脱水。缸内加石块压水3～4周。⑤晒干。从缸内取出脱水的山药，晒干或烘干，即成“毛条”。每4～7千克鲜山药产“毛条”1千克。⑥浸泡。把“毛条”浸水10～12小时，待软后捞出，置席上晒半天。⑦搓圆、晒干。当“毛条”表面发亮时撒上淀粉，放在板上搓光表面，搓后晾半天，切成16～18厘米的条，再撒上淀粉，再搓，直到山药条光滑亮洁。后晒1～2天，即为产品，包装即可。

154 山药粉的加工工艺及操作方法是怎样的？

（1）工艺流程。选料→清洗→去皮→切片→固化→烫漂→烘干→粉碎→包装。

（2）操作方法。①选料。选择光滑、无病斑、条形直顺的新鲜山药。②清洗。将山药去除泥污，在流动的清水中清洗干净。③去皮。用不锈钢削皮刀或竹片刮去外表皮，并挖除黑色斑眼。④切片。将去皮后的山药，用不锈钢刀切成0.2～0.3厘米厚的薄片。⑤固化。山药切片后立即浸入0.5%亚硫酸氢钠水溶液中进行固化处理，切片要全部浸没在溶液中，以防变色，浸泡2～3小时后捞出。⑥烫漂。将捞出的山药片用清水漂去药液和胶体，然后放入沸水锅中烫漂6～8分钟，注意不要煮烂，捞出后再用清水漂去黏液。⑦烘干。将烫漂后的山药片置60～65℃的烘房或烘箱内烘20小时。在烘干过程中应注意倒盘1～2次，使山药片烘烤均匀一致。⑧粉碎。将烘干后的山药片用电磨加工成粉。⑨包装。将山药粉按250～1 000克不等的重量包装好，即为成品。

155 山药如何加工成山药片干？

（1）原料选择。选择成熟、发育良好、粗壮的山药，不能用发芽腐烂的原料，以免影响产品品质。

（2）洗涤去皮。先清洗干净山药上的泥土，再将山药放入去皮机去皮，将去皮后的山药放入0.1%氯化钠水溶液中浸泡，抑制变色。

（3）切片护色。将鲜山药切成约2.5毫米厚的马蹄形薄片，放入pH值为5～7的水中浸泡，进行护色处理，以抑制酶的氧化褐变。

（4）离心干燥。处理过的山药片放入离心机中，甩干表面水分，然后放入干燥机，温度控制在100～130℃，时间5～6小时。温度不能低于100℃，不然易变红褐色；温度也不能超过130℃，否则易焦化，影响产品质量。

（5）分拣包装。剔除变色片，检验合格后装袋即可。

三、甘薯种植实用技术

甘薯块茎的营养成分是什么?

甘薯(学名:*Ipomoea batatas*),又名番薯、山芋、番芋、地瓜、红苕、线苕、白薯、金薯、甜薯、朱薯、枕薯等,是富含淀粉的块根作物,营养价值高。甘薯块根除含有大量的淀粉(5.3%～28.4%,平均20.1%)、可溶性糖(2.38%)外,还富含多种人体必需的维生素、蛋白质、脂肪、食物纤维、维生素和钙、铁、钾、磷等矿物质及18种氨基酸。国内外对甘薯块根的营养成分进行了大量的研究。据江苏徐州甘薯研究中心(1994)对790份甘薯资源的分析,以干物质计,粗淀粉含量为37.6%～77.8%,粗蛋白含量为2.24%～12.21%,可溶性糖含量为1.68%～36.02%,每100克鲜薯胡萝卜素含量最高达20.81毫克。亚洲蔬菜研究和发展中心(1992)对1 600份甘薯资源进行分析,甘薯干物率为12.74%～41.20%,淀粉含量为44.59%～78.02%,糖含量为8.78%～27.14%,蛋白质含量为1.34%～11.08%,纤维素含量为2.7%～7.6%,每100克鲜薯胡萝卜素含量为0.06～11.71毫克。据原西南师范大学应用生物研究所测试,甘薯含有18种氨基酸,以渝苏1号为例,各种氨基酸含量为:苏氨酸0.09%,缬氨酸0.11%,蛋氨酸0.05%,异亮氨酸0.08%,亮氨酸0.12%,苯丙氨酸0.10%,赖氨酸0.09%,色氨酸0.02%,天门冬氨酸0.29%,丝氨酸0.11%,谷氨酸0.18%,甘氨酸0.08%,丙氨酸0.10%,半胱氨酸0.02%,酪氨酸0.06%,组氨酸0.03%,精氨酸0.07%,脯氨酸0.08%,氨基酸总含量1.68%,前8种是人体必需氨基酸,总含量为0.66%。林妙娟(1994)通过与米饭、熟面、马铃薯和芋头等食物的营养成分比较认为,每百克甘薯的能量、蛋白质含量、脂肪含量、含糖量、含磷量、含铁量与上述主要食物没有明显的差异,而食用纤维含量、含钙量、特别是维生素A的含量远远高于上述主要食物,说明甘薯营养均衡,营养价值不亚于米、面。

甘薯块茎的保健功能有哪些?

甘薯不仅具有丰富的营养价值,近年来国际上也开始关注其药用保健价值。甘薯在我国也是传统的药用植物,早在明朝李时珍的《本草纲目》中已有“甘薯补虚乏,益气力,健脾胃,强肾阴”的记载;清朝陈云的《金氏种薯谱》记载:“性平温无毒,健脾胃，益阳精，壮筋骨，健脚力，补血，和中，治百病延年益寿，服之不饥。”

甘薯含有黏液蛋白，是一种多糖蛋白的混合物，胶原和黏液多糖类物质对人体消化系统、呼吸系统和泌尿系统各器官组织的黏膜具有特殊的保护作用，能促进骨质发育，润滑关节面和浆膜腔，防止关节炎；能抑制胆固醇在动脉血管内沉积，防止动脉硬化症的出现；能减少皮下脂肪，避免出现肥胖；可以防止肝、肾脏结缔组织的萎缩；能提高人体的免疫能力，增进机体健康，防止疲劳，使人精力充沛，从而延缓人的衰老。

医学研究表明，甘薯的茎、叶、块根均可入药。甘薯块根中含有丰富的维生素C、胡萝卜素、脱氢表雄甾酮及赖氨酸等抗癌物质，其防癌、抗癌等保健作用已被世界所公认。

甘薯中还含有丰富的食物纤维，被称为人体第七营养素，有通便、防肠癌、降低胆固醇和降低血糖的作用。食物纤维还能抑制胰蛋白酶的活性，在一定程度上影响食物在人体小肠的吸收，起到减肥的作用。

158 甘薯茎叶的营养成分是什么？

甘薯茎蔓含丰富的蛋白质、胡萝卜素、维生素 B_2、维生素 C 和钙、铁等，尤其是茎蔓的嫩尖和叶片更富含以上营养成分，翠绿鲜嫩，香滑爽口，作为一种新型蔬菜而深受人们的喜爱。据原中国预防医学科学院的化验，每 100 克鲜薯叶，含水分 83 克，蛋白质 4.8 克，脂肪 0.7 克，糖类 8 克，热量 242.8 千焦，纤维素 1.7 克，灰分 1.5 克，钙 170 毫克，磷 47 毫克，铁 3.9 毫克，胡萝卜素 6.7 毫克，维生素 B_6 1.7 毫克，维生素 B_1 0.13 毫克，维生素 B_2 0.28 毫克，维生素 C 1.4 毫克，烟酸 43 毫克。众多研究表明，薯叶蛋白质含量是苋菜、大白菜的 2 倍，粗纤维含量也是菠菜、甘蓝的 2 倍，胡萝卜素含量比胡萝卜高出近 4 倍，维生素 B_1、维生素 B_2 含量与芹菜、大白菜相当，维生素 B_6、维生素 C 含量与蕹菜相当，比芹菜、大白菜高一倍多，矿物质钙、铁、磷、锌等含量也高出一般叶菜类蔬菜。

159 甘薯的生长发育对环境条件有何要求？

一切有机体都不能脱离周围环境而生存，甘薯的生长也必然受所处生态条件的影响而产生相应的反应。不同的生态因素对甘薯生长产生不同的影响，且不同生长时期对同一生态因素的要求也是不一样的。

（1）温度。甘薯原产热带，喜温暖，怕低温，忌霜冻。适宜栽培于夏季平均气温22℃以上、年平均气温 10℃以上、全生育期有效积温 3 000℃以上、无霜期不短于120 天的地区。块根萌芽适宜温度为 28 ～ 32℃，超过 35℃萌芽受抑制。薯苗栽插后需有 18℃以上的气温才能发根，茎叶生长期最适温度为 21 ～ 26℃，一般气温低

于15℃时茎叶生长停滞，低于6～8℃则呈现萎蔫状，经霜即枯，高于38℃生长受抑制。块根膨大的适宜地温是20～25℃，地温低于20℃或高于30℃时，块根膨大较慢，低于18℃时，有的品种停止膨大，低于10℃时易受冷害，在-2℃时块根受凉。块根膨大时期，较大的日夜温差有利于块根膨大。薯块在低于9℃的条件下持续10天以上时，会受冷害发生生理腐烂。

(2)光照。甘薯属喜光短日照作物，其块根膨大不但与光照强度有关，而且与每天受光时间长短有关。每天受光12.5～13.0小时，比较适宜块根膨大。而每天受光8～9小时，对现蕾、开花有利，而不利于块根的膨大。所以甘薯与高秆作物间作时，为不影响甘薯产量，要加大薯地的受光面积，高秆作物不宜过多过密。

(3)水分。甘薯根系发达，是耐旱作物。田间栽培中，前期土壤相对含水量以保持在70%左右为宜，有利于发根缓苗和纤维根形成块根；中期茎叶生长消耗水分较多，为尽快形成较大叶面积，土壤相对含水量以保持在70%～80%为宜；进入茎叶衰退期后，薯块膨大，以保持土壤含水量在60%～70%为宜，应防止土壤水分过多，造成土壤内氧气缺乏，影响块根膨大，此期若遭受涝害，产量、品质都受影响。

(4)土壤条件。甘薯系块根作物，块根膨大时需要消耗大量的氧气，因此甘薯对土壤通透性要求较高。以土壤结构良好、耕作层厚20～30厘米、透气排水好、有机质含量较多、具有一定肥力的壤土或沙壤土为宜，有利于根系发育、块根形成和膨大。甘薯在这种土壤里生长，薯皮光滑，色泽新鲜，大薯率高，品质好，产量高。土壤养分状况也是甘薯获得高产的重要因子，甘薯生产上除要保证氮肥、磷肥的供应外，要特别重视增施钾肥。

160 甘薯种植区域是如何划分的？

甘薯在我国种植的范围很广，南起海南、北到黑龙江，西至四川西部山区和云贵高原，从北纬18°到48°，从海拔几米到几十米的沿海平原，再到海拔2 000多米的云贵高原，均有分布。根据甘薯种植区的气候条件、栽培制度、地形及种植土壤等条件，将甘薯种植区域划分为5个生态区，即北方春薯区、黄淮流域春夏薯区、长江流域夏薯区、南方夏秋薯区和南方秋冬薯区，区界大体上和纬度平行。

(1)北方春薯区。位于北纬41°左右，包括辽宁、吉林、北京等省市，黑龙江省中南部，河北省保定以北地区，陕西秦岭以北至榆林地区，山西、宁夏和甘肃东南地区。属季风温带和寒温带，湿润和半湿润气候，全年无霜期较短，只有170天左右。栽培制度为一年一熟，以春薯为主。甘薯于5月中下旬栽植，9月下旬至10月初收获，生长期130～140天。

(2)黄淮流域春夏薯区。沿秦岭向东，北线顺太行东麓至保定、天津到大连，南线进河南沿淮河向东至苏北，包括山东全部，河南中南部，山西南部，江苏、安徽、河南三省的淮河以北，陕西秦岭以南以及甘肃武都地区，种植面积约占全国总面积的40%。属季风暖温带半湿润气候，全年无霜期180～250天（平均210天）。栽培制度为两年三熟制，栽种春夏薯均较适宜。春薯于4月下旬至5月中旬栽植，10月上旬至下旬收获，生长期150～180天。夏薯在麦类、豌豆、油菜等冬季作物收获后，于6月中下旬至7月上旬栽植，与春薯收获期相同，生长期110～120天。

（3）长江流域夏薯区。包括青海以外的整个长江流域，江苏、安徽、河南三省的淮河以南，陕西西部，湖北、浙江全省，贵州大部，湖南、江西、云南三省的北部以及川西北高原以外的全部四川盆地。属季风副热带北部的湿润气候，冬季有寒潮侵袭，雨量较多。全年无霜期平均为260天，栽培制度是麦、薯两熟制。夏薯于4月下旬至6月下旬栽植，10月下旬至11月中旬收获，生长期140～170天。

（4）南方夏秋薯区。位于北纬26°以南，北回归线以北的一狭长地带，包括福建、江西、湖南三省的南部，广东、广西的北部，云南中部和贵州的一小部分以及台湾嘉义以北的地区。属季风副热带中部和南部的湿润气候。全年无霜期平均为310天。该区栽培制度复杂，北部地区栽培制度以麦、薯两熟制为主，南部地区则以大豆、花生、早稻等早秋作物与甘薯轮作的一年两熟制为主。麦茬夏薯一般5月间栽植，8—10月收获。水田或旱地秋薯一般于7月上旬至8月上旬栽植，11月下旬至12月上旬（或延至翌年1月）收获，生长期120～150天。

（5）南方秋冬薯区。位于北回归线以南，包括海南全省，云南、广东、广西、台湾的南部和南海诸岛。属热带季风湿润气候，全年无霜期平均为356天。该区甘薯四季可生长，主要种植秋薯和冬薯，旱地薯和水田薯都能实行一年两熟制或一年三熟制。旱地秋薯在7月上旬至8月上旬栽插，水田秋薯在7月中旬至8月中旬栽插，于11月上旬至12月下旬收获，生长期120～150天。如果秋薯越冬栽培，延至第二年收获，变成了越冬薯。一般冬薯在11月栽插，翌年4—5月收获，生长期170～200天。

经过多年实践，综合气候条件、甘薯生态型、行政区划、栽培面积和种植习惯等，我国甘薯主要种植区又可简单划分为三个大区，即北方春夏薯区、长江中下游流域夏薯区和南方薯区。北方春夏薯区包括辽宁、吉林、河北、陕西北部、黄淮流域等地，以淀粉加工业为主；长江中下游流域夏薯区是指除青海和川西北高原以外的整个长江流域，主要作为饲料和淀粉加工；南方薯区则包括北回归线以北的长江流域以南地区以及北回归线以南的沿海陆地和台湾等岛屿，多为鲜食和食品加工。近年来随着人们对甘薯保健功能的重新认识，三大产区的甘薯作为淀粉加工和饲料的比例有所降低，食用的比例有所增加。

161 甘薯生长对土壤有什么要求?

甘薯的适应能力很强,对土壤环境的要求不是很严格,并且耐酸碱性也好,在土壤 pH 值 4.2 ~ 8.3 内都能适应。但是要获得高产、稳产,栽培时应选择沟渠配套、排灌方便、地下水位较低、耕层深厚、土壤结构疏松、通气性良好的沙壤土或壤土,能容纳更多的水分、空气和养分,有利于甘薯根系的舒展,且富含有机质,即每 667 平方米产 5 000 千克左右的高产田,土壤有机质含量应在 2%以上。氮、磷、钾的含量分别要到 0.13%、0.11%和 1.7%左右。pH 值为 5 ~ 7、土壤含盐量低于 0.2%,有利于甘薯的生长,并要求地块不带病虫害、无污染的平原高地势地区或丘陵岗地或山坡地为首选。甘薯在这种土壤里生长,薯皮光滑,色泽新鲜,大薯率高,品质好,产量高。对于不符合上述类型的土壤要积极创造条件改良土壤,要进行培肥地力、保墒防渍、深耕垄作等。

162 甘薯生长对肥料有什么需求?

甘薯吸肥力强,在瘠薄的土地上也可获得相当产量,但甘薯是高产作物,需肥较多,只有供给充足的养分,才能充分发挥它的高产性能。生产 1 000 千克鲜薯,需施纯氮肥 3.72 千克、磷肥(五氧化二磷)1.72 千克、钾肥(氧化钾)7.48 千克。氮、磷、钾素的最大吸收量的总趋势是钾素多,氮次之,磷最少,比例为 2∶1∶4。甘薯对氮素的吸收在生长的前、中期速度快,需量大,茎叶生长盛期吸收达到高峰,后期茎叶衰退,薯块迅速膨大,对氮素吸收速度变慢,需量减少;对磷素的吸收随着茎叶的生长逐渐增大,到薯块膨大期吸收量达到高峰;对钾素的吸收随着茎叶的生长逐渐增大,薯块快速膨大期达到最高峰,从开始生长到收获比氮、磷都高。

163 甘薯主要缺素症有哪些?各有什么特点?

甘薯生长期中土壤贫瘠、不适宜的 pH 值、营养元素比例失调、不良的土壤性质、恶劣的气候条件导致缺乏氮、磷、钾、钙、硼、镁等元素,从而引起缺素症。

(1)氮。若氮素供应不足,老叶先变黄,幼芽色变浅,植株生长缓慢,节间缩短,茎蔓变细,分枝少,叶形小,叶片少,茎和叶柄变紫,叶边缘、主脉呈紫色,老叶脱落,后全株发黄。

(2)磷。缺磷,植株细胞的形成与增殖就会发生障碍,茎与根的生长也受到抑制,幼芽、幼根生长缓慢,叶片变小,叶色暗绿或缺少光泽,茎蔓伸长受抑,茎变细,老叶出现大片黄斑,后变紫色,叶片脱落。

(3)钾。甘薯是典型的喜钾作物,缺钾,节间缩短,叶片变小,叶柄缩短,老叶易显症。初发病时,叶尖开始褪绿,逐渐扩展到脉间区,只有叶子的基部一直保持着绿色。后期沿叶缘或在叶脉间出现坏死斑点，至叶片干枯或死亡(图 55)。

(4)钙。缺钙，顶芽、侧芽等分生组织易腐烂死亡，叶尖弯钩状，幼叶淡绿色，有些老叶片上还产生红色区域。

(5)硼。缺硼，节间缩短，叶柄弯曲，尖端发育受阻且略歪扭。老叶变黄色，早落。块根瘦长或呈奇形怪状，表皮粗糙。严重缺硼的，块茎往往产生溃疡状，表面覆盖着一些硬化的分泌物，有时也可能形成内部腐烂。

(6)镁。缺镁，首先在老叶表现症状，老叶叶脉间由边缘向里变黄，叶脉则仍保持绿色，形成清晰的绿色网状脉纹。严重缺镁的，老叶变成棕色且干枯，新长出来的茎则呈蓝绿色。

图 55　甘薯缺钾症状

164 甘薯生长期间如何进行肥料调控？

甘薯虽然耐瘠能力强，但要高产就需要增加施肥量。综合各地试验资料，每 667 平方米需施纯氮 20 ～ 25 千克，五氧化二磷 15 ～ 20 千克，氧化钾 35 ～ 50 千克。底肥一般占总肥量的 70%，以腐熟牛粪、渣粪、火土等农家肥为主，掺入足量复合肥(每 667 平方米施 40 ～ 50 千克)，在整土后起垄前均匀撒施地面，通过起垄将肥料与土壤混匀盖好，保证整个生长期养料供应。

根据不同生长时期确定追肥时期、种类、数量和方法，做到合理追肥。追肥一般施三次：一是催藤肥。栽后 10 ～ 20 天每 667 平方米施尿素 10 ～ 20 千克（或碳铵 15 ～ 20 千克)，方法是距苗根 15 厘米处，在行中用窖锄挖穴点施土中，及时盖肥，促进早分枝早封垄。二是结薯肥。栽后 40 天至封垄前，每 667 平方米施复合肥 15 ～ 20 千克，与腐熟的油菜壳 750 ～ 1 000 千克拌匀，施于垄面，结合清沟培垄盖好肥料，促进多结薯、结大薯。三是根外补肥。立秋至处暑，对藤叶生长旺盛的田块进行根外追肥。每 50 千克水兑磷酸二氢钾 0.1 千克、尿素 0.25 千克，混匀后每 667 平方米喷液

约100千克于叶面上，促进藤叶养料向块根运转，促使更多小薯变大薯，大薯长得更大。

165 甘薯病虫害主要有哪些？

我国甘薯病害的种类很多，危害比较严重有甘薯真菌性病害，包括甘薯黑斑病、甘薯根腐病、甘薯软腐病、甘薯蔓割病、甘薯疮痂病等；甘薯细菌性病害，包括甘薯瘟病等；甘薯线虫病害，包括甘薯茎线虫、甘薯根结线虫等；甘薯病毒病。

我国甘薯害虫的种类很多，除少数专门危害甘薯外，大部分是杂食性的，危害多种作物。而且害虫的种类由北向南逐渐增多，造成的损失也相应加重。危害甘薯的害虫有20余种，其中发生普遍而严重的有甘薯蚁象、甘薯长足象、斜纹夜蛾、甘薯天蛾、甘薯麦蛾、蟋蟀、黄褐油葫芦、蝼蛄、地老虎、蛴螬、金针虫等。

166 甘薯黑斑病症状表现及防治措施有哪些？

甘薯黑斑病又称黑疤病，是甘薯的重要病害，从育苗期、大田生长期到收获贮藏期均能发生，主要危害薯苗茎基部和薯块。育苗期染病，多因种薯带菌引起，种薯变黑腐烂，造成烂床，严重时，幼苗呈黑脚状，枯死或未出土即烂于土中。病苗移栽后，茎基部产生梭形或长圆形稍凹陷的黑斑，初期病斑上有灰色霉层，后逐渐出现黑色刺毛状物和黑色粉状物，茎基部叶片变黄脱落，地下部分变黑腐烂，严重时幼苗枯死，造成缺苗断垄。块根以收获前后发病为多，薯块染病部初期呈圆形或近圆形凹陷膏药状病斑，坚实且轮廓清晰，中部出现灰色霉层或黑色毛状物，严重时病斑融合呈不规则形，病薯变苦，不能食用（图56）。防治措施如下：

（1）选用抗病品种。据当地情况选择抗病性好的甘薯品种。

（2）选好苗床。苗床最好选择向阳避风、土壤肥沃、排水良好的高旱地，床土最好用新土，或用新地作苗床，以断绝病源。

（3）培育健壮薯苗。严格剔除病、虫、冻、伤等种薯，然后进行消毒处理，可用50%多菌灵可湿性粉剂800～1 000倍稀释液或50%甲基托布津可湿性粉剂500倍稀释液浸种5分钟。种薯上床前施足底肥，浇足水，育苗期注意保温、炼苗，培育健壮薯苗。

（4）高剪苗移栽。第一次当苗床上薯苗高25厘米以上时，从苗基部离地面5厘米处剪下移栽；第二次待繁殖苗长到35厘米时，在离地10～15厘米处剪下移栽到大田。

（5）安全贮藏。选择晴天收获种薯，避免薯块淋湿和冻伤。入贮前，对贮藏室进行清洁消毒，并严格挑选健薯，剔除病薯，以保证贮薯安全。

（6）合理轮作。黑斑病菌能在土壤中存活2年以上，因此，甘薯与玉米、小麦、棉花、水稻等作物实行2～3年的轮作，发病较重的地块进行水旱轮作或3年以上旱地轮作。

图 56　甘薯黑斑病

167 如何区别甘薯叶斑病和甘薯褐斑病？其防治方法有哪些？

甘薯叶斑病主要危害叶片，叶斑圆形至不规则形，初呈红褐色，后转灰白色至灰色，边缘稍隆起，斑面上散生小黑点，即病原菌分生孢子器；严重时叶斑密布或连合，致叶片局部或全部干枯（图 57）。甘薯感染褐斑病后，植株下部叶片出现浅褐色至深褐色病斑，严重时叶片出现黄褐色，直至脱落。

图 57　甘薯叶斑病

甘薯叶斑病的防治方法：选用抗病品种；播前用 500 毫升/升的硫酸链霉素浸种 2 小时进行种薯消毒；重病地避免连作，与非豆科作物进行 2 年以上轮作，及时摘除初发病叶，注意铲除田间杂草，尤其豆科杂草；收获后及时清除田间病残体，深埋或烧毁，减少虫源；选择地势高燥地块种植，雨后清沟排渍，降低湿度，并加强肥水管理，增施磷肥、钾肥，避免偏施或过施氮肥；发病初期及时喷洒 72%农用硫酸链霉素 3 000 倍稀释液或 30%氧氯化铜悬浮剂 800 倍稀释液或 77%可杀得可湿性微粒粉剂 600 倍稀释液，间隔 5 ～ 7 天喷一次，连续喷 2 ～ 3 次。

甘薯褐斑病的防治方法：采取与花生、玉米、绿豆等作物进行 2 年以上轮作；甘薯收获后，及时清除残留在田间的枯枝败叶，带出田外深埋或烧毁；施用腐熟的有

机肥，合理配方施肥；深翻精细整地，通过冻垡晒垡降低致病菌田间持有量；发病期选用 70%甲基硫菌灵可湿性粉剂 800 倍稀释液或 80%福美双可湿性粉剂 400 ～ 600 倍稀释液交替喷雾防治，连续喷 2 ～ 3 次，每次间隔 3 天。

168 甘薯根腐病症状表现及防治措施有哪些?

甘薯根腐病（图 58）俗称烂根病、开花病、祸根病，是一种毁灭性病害。根系是病菌主要传染部位，地下茎也易被感染。主要发生在大田生长期，苗床期虽有发病，但症状一般较轻。发病薯苗，须根根尖或中部出现黑褐色病斑，严重时不断腐烂，致地上部植株矮小，生长慢，叶色逐渐变黄。大田期发病，根尖变黑，后蔓延到根茎，形成黑褐色病斑，发病轻的入秋后秧蔓上大量现蕾开花，虽仍能从地下根茎地表处发出新根，但根系生长缓慢，且大部分形成细长的畸形柴根；发病重的地下根茎大部分变黑腐烂，主茎由下而上干枯，引起全株枯死。染病薯块表皮粗糙，布满大小不等的黑褐色病斑，中后期龟裂，呈大肠形、葫芦形等畸形。防治措施如下：

（1）选用抗病品种。选用适于本地栽培的抗病品种，是防治甘薯根腐病简单易行、经济有效的措施，但要注意年年选留良种，不断更新，避免因种植年限的延长而逐年降低品种的抗病性。

（2）实行轮作换茬。重病地可与玉米、花生、芝麻、棉花、高粱、谷子等作物轮作或间作，轮作年限尽量延长，一般在 3 年以上。

（3）加强田间管理。深翻改土，增施净肥，提高土壤肥力。薯苗适时移栽，栽后及时浇水，促苗早发，提高甘薯抗病力。及时拔出病株，深埋或烧毁，以减少田间菌量。

（4）药剂防治。用 50%硫菌灵（托布津）喷雾有较好的防效。

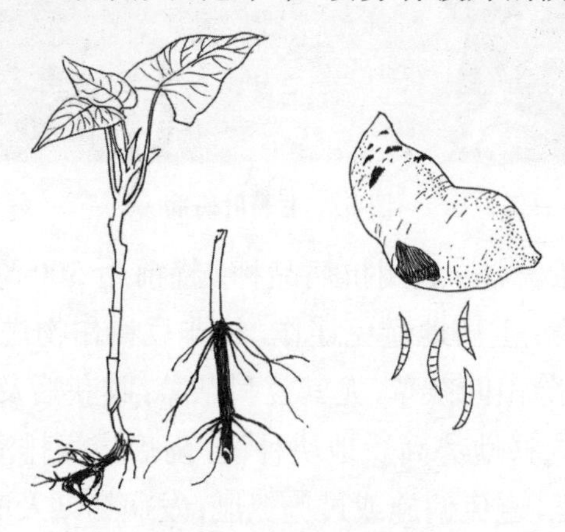

图 58　甘薯根腐病

169 甘薯软腐病症状表现及防治措施有哪些?

甘薯软腐病俗称水烂，是甘薯收获及贮藏期重要的病害。该病常发生于贮藏后期，通常是薯块受到冻伤后，抵抗力较弱，病菌开始侵染，且能在薯块间传染，一旦暴发，将对甘薯产量和品质造成极大的损失。薯块染病，初在薯块表面长出灰白色霉，后变暗色或黑色，感病部位变为淡褐色水浸状，后在病部表面长出大量灰黑色菌丝及孢子囊，黑色霉毛侵染周围病薯，形成一大片霉毛（图 59），病情扩展迅速，2 ～ 3 天整个块根即呈软腐状，发出恶臭味。防治措施如下：

（1）适时收获。霜降前后收完夏薯，立冬前收完秋薯，应避免薯块受冻。选晴天收获，挖薯时尽量减少或避免产生机械损伤。

（2）精选健康种薯。甘薯入窖前，严格剔除病薯、残薯、烂薯，把水汽晾干后适时入窖。尽量用新窖，旧窖使用前要将窖内清理干净，或把窖内旧土铲除露出新土，必要时用硫黄熏蒸。

（3）加强管理。种薯入窖后 2 ～ 3 周内，要注意通风，防止窖温和湿度过高。严寒期要做好保温，将窖温维持在 12 ～ 14℃。翌年春天要经常检查窖温，及时放风，或闭窖使窖温维持在 10 ～ 14℃。发现病薯要彻底清除干净，并带出窖外深埋。

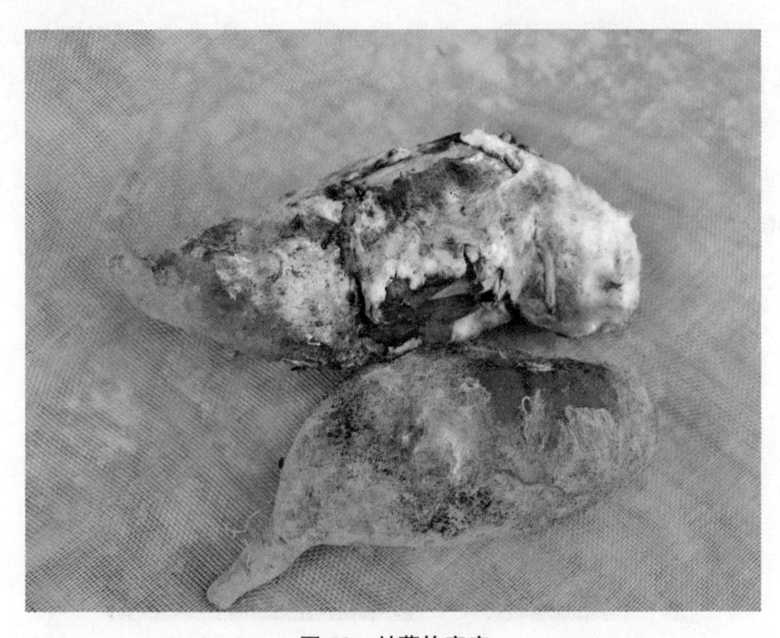

图 59　甘薯软腐病

170 甘薯茎线虫病症状表现及防治措施有哪些？

甘薯茎线虫病俗称空心病、糠心病，既可危害薯块，也可危害茎蔓，是一种毁灭性病害。苗期感病后，基部变青灰色斑驳，纵剖茎基部，髓部变褐色干腐，剪断后不流或少流白色乳液，严重时糠心至顶（图 60）。薯茎被害后，秧蔓表皮龟裂，形成不规则褐斑，髓部由白色干腐变成褐色干腐，呈糠心状，严重时糠心到顶部，叶片由基部向端部逐渐变黄，生长迟缓，甚至枯死。薯块被害有糠皮型、糠心型和糠皮糠心混合型三种

症状。糠皮型外皮青色或暗紫色，表皮龟裂，皮肉变褐或褐白相间干腐，内部完好；糠心型皮层完好，薯块内部为白色粉末间隙，组织失水干腐，腐烂组织扩展至整个薯块内部，后期呈褐白色相间糠腐；混合型外观为糠皮型而内部为糠心型。防治措施如下：

（1）种植抗病品种。根据当地情况选择抗病性好适宜当地栽种的甘薯品种。

（2）合理轮作。与小麦、玉米、水稻、芝麻、棉花、高粱等非寄主植物轮作，轮作年限尽量延长，一般在3年以上。发病严重的地块进行水旱轮作，但不能与马铃薯、豆类等寄主作物轮作。

（3）控制病源。繁殖无病种薯、培育无病壮苗是防治甘薯茎线虫病的根本措施。每年育苗、栽种和甘薯收获时节，不把病薯、病秧蔓等遗留田间，要全部收集起来深埋或烧毁。

（4）高剪苗移栽。第一次当苗床上薯苗高25厘米以上时，从苗基部离地面5厘米处剪下移栽；第二次待繁殖苗长到35厘米时，在离地10～15厘米处剪下移栽到大田。

（5）药剂防治。①药剂浸苗。把薯苗下部一半浸入含有效成分0.5%辛硫磷100～150倍稀释液或0.2%阿维乳油2 000～3 000倍稀释液中10分钟。②药剂穴施。用3%氯唑磷颗粒剂，每667平方米4～6千克，加细沙150千克左右混拌均匀，栽薯时每穴先施入药沙50克，然后浇水栽苗；或者在开穴时，用1.8%阿维菌素乳油3 000倍稀释液，浇施扦插穴，每穴浇100～150毫升，然后栽植薯苗。

图60 甘薯茎线虫病

171 甘薯蚁象危害症状及防治措施有哪些?

甘薯蚁象幼虫在薯块内和粗蔓中取食，形成隧道，并将粪便排泄于其中，而且还能传播细菌性病害，使受害部位变成黑褐色，产生特殊的恶臭和苦辣味，使甘薯不耐贮藏，不能食用，也不能作饲料。成虫（图61）取食薯藤和叶柄表皮，也危害嫩芽、嫩叶和叶背主脉。防治措施如下：

（1）加强检疫。从虫害区调运种薯、薯苗时，要严格实行检疫，带虫薯苗，必须要经有效的无害化处理后方可调运，从源头上堵住疫情传播渠道。

(2)田间管理。及时培土，适时灌水保持土壤湿度，防止薯块裸露。填塞垄面裂缝，覆盖薯蒂，减轻害虫侵害。

(3)清园灭虫。甘薯收获后将虫害薯、烂薯、坏蔓全部清除，集中放在水坑中浸泡1～2天，幼虫及蛹被水浸没窒息而死，防止成虫逃逸。有条件地区尽量实行水旱轮作，消灭虫源。

(4)采用性诱捕。用1.25升可乐瓶，内置雌虫性信息素诱芯，以2%洗衣粉溶液为捕获介质，制作诱捕器。将诱捕器固定在离地40～50厘米高的木棍或竹竿上。田间诱捕器棋盘式或梅花式排放，每隔3～5天更换一次诱捕介质，一个月更换一次新诱芯。

(5)药剂防治。药液浸苗：用50%杀螟松乳油或50%辛硫磷乳油500倍稀释液浸湿薯苗1分钟，稍晾即可栽秧。毒饵诱杀：在早春或初冬，用小鲜薯或鲜薯块、新鲜茎蔓置入50%杀螟松乳油500倍稀释液中浸14～23小时，取出晾干，埋入事先挖好的小坑内，上面盖草，每667平方米50～60个，隔5天换一次。

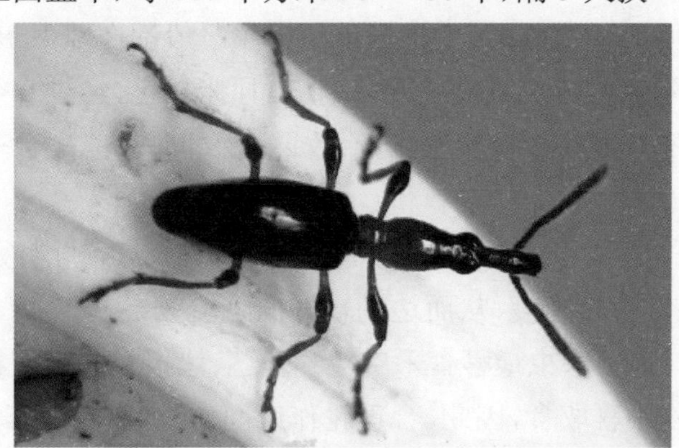

图61 甘薯蚁象

172 如何区分甘薯麦蛾、斜纹夜蛾、潜叶蛾危害症状？其主要防治措施有哪些？

危害症状：甘薯麦蛾幼虫在薯叶背面吐丝卷叶，取食叶肉部分后，又爬往他处重新危害（图62）；甘薯斜纹夜蛾以幼虫咬食叶片、叶柄、嫩茎（图63）；甘薯潜叶蛾幼虫钻入叶肉内潜食叶肉，边食边进而蛀成一条弯曲形的虫道。

防治措施：收获后及时清洁田园，消灭越冬蛹；冬春季翻土晒土，破坏其越冬环境；在幼虫盛发期用糖浆毒饵诱杀，或人工捕杀新卷叶幼虫，或连叶摘除，集中杀死；用90%敌百虫1 000倍稀释液或50%辛硫磷1 000倍稀释液或40%乐果乳油1 000倍稀释液喷雾，以上药剂交替使用。

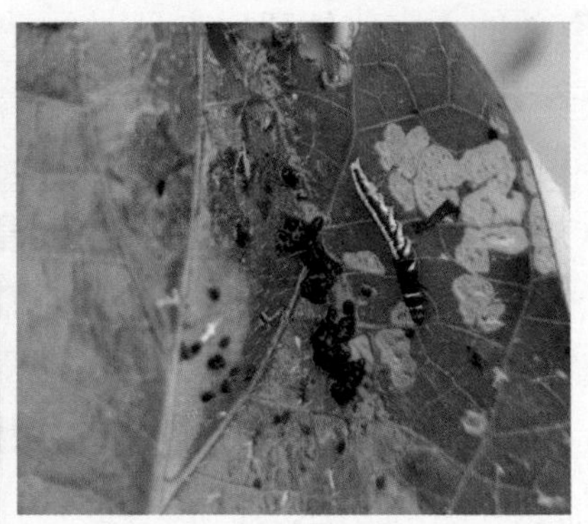

图 62 甘薯麦蛾　　图 63 甘薯斜纹夜蛾

173 危害甘薯的地下害虫主要有哪些种类？如何防治？

危害甘薯的地下害虫主要有甘薯蚁象、地老虎、蛴螬、金针虫、蟋蟀、蝼蛄等，这些害虫全是杂食性，可同时危害很多作物。

防治措施如下：

（1）适时深耕。冬季来临时，大部分地下害虫一般都在地下 10 ～ 30 厘米土壤中越冬，若在 11 月底至 12 月初将土壤深翻 30 厘米以上，经过一个冬季夜冻昼消，会杀死大部分越冬害虫，达到较好的防治效果。深翻时如能配合药剂处理土壤，效果会更好。

（2）及时诱杀。在成虫活动、交配频繁期，采用黑光灯、糖醋液和性引诱物等诱杀成虫，可大大降低虫口密度，从而达到较好的防治效果。

（3）合理轮作。地下害虫最喜食禾谷类和块茎、块根类大田作物，对棉花、芝麻、麻类等直根系作物不喜取食，因此，合理轮作或间作，可以减轻其危害。

（4）合理施肥。合理施用氮肥、磷肥、钾肥及腐熟或药剂杀虫处理过的有机肥，以促进土壤微生物活动，改良土壤水、气、光、热性状，增强甘薯抗病虫害及抗逆性。

（5）引用天敌。在生产中保护和利用天敌控制地下害虫的发生，如捕食类的步行甲、蟾蜍类，白毛长腹土蜂、日本土蜂等寄生蜂类。

（6）药物防治。在甘薯移栽时，穴施 5%辛硫磷颗粒，用量为每 667 平方米 1.5 ～ 2.0 千克，或用 2%吡虫啉缓释粒剂，用量为每 667 平方米 5 千克左右；在地下害虫发生较重的地块，用 50%辛硫磷乳油 1 000 倍稀释液灌根，每株用量为 150 ～ 250 毫升。

174 甘薯病毒病主要有哪些种类？如何防治？

侵染甘薯的病毒主要有甘薯羽状斑驳病毒、甘薯潜隐病毒、甘薯黄矮病毒、甘薯褪绿矮化病毒、甘薯类花椰菜花叶病毒、甘薯叶脉花叶病毒、甘薯轻度斑驳花叶病毒和甘薯卷叶病毒等。这些病毒主要通过带病种薯、种苗以及虫媒（蚜虫与粉虱）

进行传播。主要症状有叶片斑点型、花叶型、卷叶型、皱缩型、黄化型、丛枝型、薯块龟裂型等类型(图 64)。防治措施如下：

(1)选用脱毒、抗毒(或耐毒)甘薯优良品种。

(2)选用健康种薯,育苗过程中发现花叶苗,或插至大田后发现病株应及时拔除。

(3)用组织培养法进行茎尖脱毒,培养无病种薯、种苗。

(4)加强田间管理、精细整地、高垄栽培、增施钾肥、浇水抗旱、覆草保墒等农业措施,改进栽培管理技术,增强甘薯抗病能力。

(5)发病初期用 10%病毒王可湿性粉剂 500 倍稀释液或 5%菌毒清可湿性粉剂 500 倍稀释液或 15%病毒必克可湿性粉剂 500 ～ 700 倍稀释液喷雾,每隔 7 ～ 10 天喷一次,连喷 3 次。

图 64　甘薯病毒病病叶

175 如何确定甘薯适宜收获期?

甘薯是块根作物,块根是无性营养体,块根的膨大不受发育阶段影响,只与温度、地力有关。甘薯没有明显的成熟期,只要条件适宜,生长期越长,产量越高。在露地栽培中,不同地区要根据当地的气候特点来选择合适的收获时间。收获时间不同,产量、品质、耐贮性有明显差异。甘薯的收获适期是在气温下降到 15℃开始,到气温 10℃以上、地温 12℃以上收获完毕。如果收获过早,会人为缩短甘薯的生长期,生长不充分,产量下降,品质差。但收获过晚,如果遇到 9℃以下的低温,会使薯块受冷害或冻害,不利于薯块安全贮藏,也影响食用。收获早或晚还会影响到薯块出干率及淀粉含量。春薯加工区主要用于晒干、加工淀粉等,应于 10 月初至 10 月中旬收获,此期甘薯产量及烘干率均较高,且天气好,利于加工。需要早腾茬,可在 9 月下旬收获,但甘薯产量减少 10%左右。留种用甘薯,必须在霜降前收获,甘薯不受冷害。过早收获气温高,入窖易造成病害发生。其他用途如作鲜食用商品薯,可早收,早上市,价格高效益好。

176 我国常见的甘薯贮藏方式有哪些？

目前，甘薯的贮藏方式主要有窖藏法、谷壳（或锯末）围堆贮藏法、简易贮藏库和冷库贮藏，谷壳（或锯末）围堆贮藏法因其操作简单近年也逐渐被推广。

（1）窖藏法。窖藏是当前最普遍的贮藏方式。应选背风向阳、地势高燥、地下水位低、土质坚实、管理和运输方便的地方建窖。根据气候、土质、水位不同选择适宜的窖型。地势高、水位低、土层厚的地区适合打井窖；地下水位高的地区适宜棚窖。

井窖。井窖是农民最普遍贮藏的方式，贮藏量达数万千克，其特点是保温保湿，构造简单，节省物料，适宜地下水位较低和土层坚实的地方建造。方法是先挖一圆井，井口直径 50 ～ 70 厘米，深 2 ～ 5 米，井底直径 1.0 ～ 1.5 米。改良井窖在地下土质条件较好的地方，开挖“非”字形的井窖，类似砖拱窖，窖顶和出入竖井的对面留出通风孔，通风孔高于地面，有抽风的作用，有利于通风换气。井窖深度一般为 4 ～ 6 米，保温性能较好。冬季可以通过调节井口和通风孔的覆盖来保持合理温度，其效果较好。

棚窖。棚窖既省工又省料，贮藏量大，出入方便，缺点是保温性能差。选择户外背风向阳的地方挖窖，深 2 ～ 3 米，宽 1.5 米，长度随贮藏量而定。用竹木和秸秆作棚顶，表层加盖 30 厘米秸秆、塑料等保温物，窖的南端留出入口，北端设置高出窖顶的通风孔。甘薯入窖以后，及时查看窖内温度，通过调整窖口和通风孔的大小来调节温度。

砖拱窖。目前效果最好的是砖拱窖（用砖砌成拱形大窖），坚固耐用，保温性能好，贮藏量大，砖的吸水性好，调节湿度不滴水，出入窖方便，但建造成本高。一般南北向建造呈“非”字形窖，中间是走廊，两边是贮藏室。阳面开门，四周和顶上覆盖土层大于 1 米，窖顶和四周墙上有通风孔，前期有利于降温、散湿，后期有利于保温、防冻。只要管理得当，一般不需要加温即可安全贮藏越冬。

（2）谷壳（或锯末）围堆贮藏法。此法操作简单，选择无冷风直吹、地表干燥的屋子，地面铺一层谷壳（或锯末），厚 5 ～ 10 厘米，再在谷壳（或锯末）上圈围席（也可用石头或砖堆码成圆形或方形），围席的大小和高度以贮藏量而定。贮藏甘薯时中间留气孔，气孔用直径 10 ～ 15 厘米的竹编篓，甘薯与围席留 3 ～ 5 厘米间隙，用谷壳（或锯末）填满，以利保温。最顶层盖 5 厘米厚谷壳（或锯末）以利防冻保温。此方法不耐冻害低温，而且经常有鼠害、鼠尿和腐烂的甘薯导致谷壳湿润生菌，造成菌源大面积的传播，增加甘薯的腐烂度。

（3）简易贮藏库。可以选地新建或利用旧房进行改造，具体做法是在房子内部增加一层单砖墙，新墙与旧墙的间距保持 10 厘米，中间填充稻壳或泡沫板等阻热物，上部同样加保温层；与门相对处留有小窗便于通风，最好用排气扇进行强制通风；入口处要增加缓冲间，避免大量冷热空气的直接对流；贮藏时地面要用木棒等材料架高15厘米，避免甘薯直接接地。地上库的向阳面可搭盖温室或塑料大棚，在冬季可利用棚内热空气对甘薯堆加热，即利用鼓风机将棚内热空气吹向室内，将室内的冷湿空气交换出来，既起到了保温作用，又能保持空气新鲜，减少杂菌污染，促进软腐薯块失水变干，不让其腐液影响周围健康薯块。大棚又可用于春天育苗。

(4)冷库贮藏。将挑选的甘薯装箱（箱子两边各开2个孔），然后入库垛码或上架摆放，入库的甘薯先经愈伤处理，愈伤后将库温调至最适贮藏温度12～15℃，即进入正常管理阶段，贮藏中如发现病薯应立即剔除，防止蔓延。

177 甘薯适宜贮藏的条件有哪些？

甘薯在收获后贮藏期间仍然保持着呼吸等生理活动。贮藏期间要求环境温度在10～14℃，湿度控制在85%左右，还要有充足的氧气。

(1)温度。甘薯贮藏最适温度为12～13℃，在此范围内，呼吸强度很小，贮藏的时间较长。当温度上升至15℃时，呼吸增强，容易生根萌芽，造成养分大量消耗，内部出现空隙，就是所谓的糠心。同时病菌的活动力上升，容易出现病害，加速黑斑病和软腐病的发生。低于9℃易受冷害，造成甘薯细胞壁果胶质分离析出，继而坏死，薯块内部变褐发黑，发生“硬心”、煮不烂，后期易腐烂。

(2)湿度。甘薯贮藏最适湿度为80%～95%。当窖内相对湿度低于80%时，引起甘薯失水萎蔫，重量减轻，食用品质下降，口感变差。当相对湿度大于95%时，薯堆内水汽上升，在薯堆表面遇冷时凝成水珠浸湿薯块，时间长了会发生腐烂，薯块呼吸虽然降低，但微生物活动旺盛，易感染病害。

(3)空气成分。充足的氧气能够满足其呼吸，保持旺盛的生命力。当空气中O_2和CO_2分别为15%和5%时，能抑制呼吸，降低有机养料消耗，延长甘薯贮藏时间。当O_2不足15%时，不但不利于薯块的伤口愈合，反而迫使薯块进行缺氧呼吸，产生大量酒精，引起薯块酒精中毒而发生腐烂。因此不管何种贮藏方式在管理上都要注意通风。入窖初期，气温较高，井窖尤其是深井容易产生缺氧，装薯过满或封窖过早都会缺氧。

178 甘薯贮藏期间发生烂薯的原因主要有哪些？

(1)冷害。冷害造成烂薯、烂窖有两种情况：①入窖前受冷害，立冬后收挖入窖或收后未及时入窖在窖外受冷害，入窖后20天左右就发生零星点片腐烂。②贮藏期间受冷害，主要原因是贮窖保温条件差，往往是因窖浅或地窖井筒过大、过浅。一

般多在1—2月低温时期受冷害，到春季天气转暖时，多在窖口或薯堆由上而下发生大量腐烂。

(2)病害。造成烂薯的病害主要有甘薯软腐病、甘薯黑斑病和甘薯茎线虫病。病害引起烂薯的主要途径：薯块带病或病菌由伤口侵入带病，进入贮藏窖，当窖内的温湿度适宜病菌生长时，造成发病、传播、烂薯、烂窖。

(3)湿害。贮藏前期由于气温较高，薯块呼吸作用旺盛，放出较多CO_2、水和热量，薯堆内水汽上升，遇冷时凝结成水珠，浸湿表层的薯块；或因下雨过多，地下水位上升，窖内淹水造成涝害，因湿度增加，适于病菌的繁殖和侵染，形成烂薯。

(4)干害。甘薯干害主要是窖内相对湿度过低，造成生理萎缩而溃烂。

(5)缺氧。部分地窖挖得过小，而贮藏量又过大，在入窖初期，气温较高，窖内薯块呼吸强度大，或封窖过早，就会造成缺氧烂薯、烂窖。

解决甘薯贮藏烂薯的途径：一是确定适宜的甘薯收挖期，二是克服甘薯贮藏期的高温和低温，三是杜绝和减少病源，四是调节窖内的湿度、O_2浓度和CO_2浓度。

179 甘薯贮藏期如何管理？

(1)贮藏初期(入窖后20～30天)。此期主要是以散湿、降温为主。要及时打开门窗或通风口降温降湿，外界气温高时夜间要打开门窗，白天关闭，必要时用排风扇，温度降低后白天打开门窗，晚上关闭。要求窖温稳定在10～14℃，相对湿度在80%～95%。

(2)贮藏中期(入窖后20天至立春)。这一阶段应以保温防寒为中心，力求室温不低于10℃，保持12～13℃为宜，要经常注意当地的天气预报，定期观测窖内的温度变化，注意门窗关闭，采用封闭门窗、封闭气孔、窗外培土、增加覆盖物、窖内堆稻草或麻袋等保温措施，使窖内温度保持在11～14℃，相对湿度保持在80%～90%。

(3)贮藏后期(立春至出库)。此期的管理应以稳定窖温、适当通风换气为主。如气温升高，窖温偏高，湿度又大，可逐步揭除覆盖物，在晴天中午打开门窗(或井口)，通气、排湿、降温，下午再关门窗。如遇寒潮，应关闭门窗(或井口)，盖上覆盖物，做好保温防寒工作。

在贮藏期间要注意两点，一是勤检查，发现烂薯及时剔除；二是下窖前一定要用灯试验火不灭，才能进窖，防止无氧中毒。选择晴朗、无风、气温高于9℃的天气出库(窖)。装运过程中应避免机械损伤，控制好温度，避免冷、热造成的损失。

180 甘薯退化的主要原因是什么？

(1)无性变异。甘薯多是有性杂交一代的无性系，在无性繁殖过程中，常因环境条件的影响，特别是长期在不良条件下栽培，而发生变异。变异的一部分有可利用的价值，而大部分属于劣变体。劣变体不断被繁殖，引起品种退化，这是甘薯品种退化的内因。

(2)品种混杂。在收获、调种、贮藏、育苗、剪苗和栽插等操作过程中，混入其他品种。有些是不注意选种留种工作，任其混杂；有些是不了解品种特性，把相似的品种误认为是一个品种，因而造成品种混杂。品种混栽后，特性各异，相互干扰，良种特性不能充分发挥，导致产量下降。

(3)病毒感染。对多数品种来说，病毒感染是引起退化的主要原因。由于甘薯是无性繁殖作物，病毒通过昆虫等途径侵入甘薯植株后，便能在甘薯体(薯苗、薯块)内代代相传，且容易被刺吸口器的昆虫所传播，不但造成当年减产，还将逐年加重危害，为病毒的永久存在和传播提供了一种有效的机制，造成甘薯产量降低，品质变劣和种性退化，这是甘薯品种退化的外因。

181 生产中如何防止甘薯退化？

(1)推广脱毒种薯。病毒对甘薯危害大，且目前还没有药物可以根治。实践证明，茎尖分生组织脱毒培养技术是防治甘薯病毒病最有效的方法。甘薯通过茎尖脱毒，能有效地恢复品种优良种性、增强抗性、提高产量、改善品质、延长种薯繁殖期限。在推广时，选择适宜本地种植的脱毒种薯，为避免病毒再次感染，1～3年更新一次。

(2)提纯选优。种植期间根据良种的特征特性不断去杂去劣。收获留种时，挑选茎粗节短、产量高、薯形好、结薯整齐而且集中、具备本品种特征的无病虫害的单株，单独贮藏、单独繁殖、单独种植，对特别优良的单株隔离保种。经过反复提纯选优，可有效防止品种劣变、混杂和病毒感染引起的品种退化，提高增产性能，延长品种的使用年限。

(3)健全良种繁育体系。建立健全切实可行的甘薯良种繁育体系，是减缓品种退化，保证高质量种源，促进甘薯生产发展的根本途径。

(4)推广标记明显品种。品种标记明显，有利于辨认和保纯，可减慢退化，延长应用周期。如叶色、叶形、茎色、叶脉、株型和薯色等，这样可大大提高品种的纯度和种性。

(5)良种区域化。甘薯生产环节较多，如果种植品种很多，就容易引起混杂。各地区应根据当地土质、生产条件、市场需求，确定1～2个当家品种，再搭配种植1～2个品种，合理布局，以减少混杂机会。

(6)改善栽培技术。品种的优良性状在一定的栽培条件下才能表现出来，因此必须根据每个品种的特性进行栽培管理，促进植株健壮生长，增强抗退化能力。

（7）加强贮藏期管理。种薯贮藏期要避免薯块受高温影响及低温冻害，预防薯块失水皱缩、过早萌芽、养分损耗、病虫危害，以防止种薯衰老，降低生活力，引起退化。

182 导致甘薯种薯退化的主要病原类型有哪些？其传染途径是什么？

导致甘薯种薯退化的主要病原类型有甘薯羽状斑驳病毒、甘薯脉花叶病毒、甘薯黄矮病毒、甘薯潜隐病毒、烟草花叶病毒、甘薯卷叶病毒等。甘薯病毒传播途径有接触传毒、昆虫传毒、线虫传毒和真菌传毒。主要以昆虫传毒为主，如蚜虫、叶蝉、粉虱、甲虫等，最普遍的是蚜虫传毒，其中以桃蚜传毒为主。也可通过薯苗、薯块进行远距离传播。甘薯羽状斑驳病毒可经汁液摩擦、嫁接方式传播，亦可由蚜虫以非持久性方式传播，但通过种薯传毒的可能性非常低。甘薯脉花叶病毒可经蚜虫以非持久性方式传播。甘薯黄矮病毒的传播介质和病毒粒体形态与甘薯羽状斑驳病毒相似。蚜虫、粉虱均不能传播甘薯潜隐病毒。甘薯病毒病发生和流行程度取决于种薯、种苗带毒率和各种传毒介体种群数量、活力及品种抗性。此外，还与气候条件、土壤状况和耕作制度等有关。

183 甘薯脱毒种薯生产技术是什么？

（1）品种选择。根据当地气候、土壤状况、栽培条件及用途选择适宜当地栽培的高产优质品种，选择生长健壮、无病毒感染、具有该品种典型性状的薯块生产脱毒苗。

（2）茎尖组织培养。在无菌条件下选取健壮植株的茎尖进行组织培养，生产试管苗。

（3）病毒检测。组织培养产生的试管苗经严格检测后才能确认为脱毒试管苗。为保证脱毒效果，用酶联免疫法（ELISA）检测和巴西牵牛指示嫁接法对茎尖培养形成的植株进行病毒检测，经鉴定无病毒的植株，可作为扩繁基础苗保存备用。

（4）组培快繁。脱毒苗繁殖一般是采用组培切段技术进行扩繁，既不受季节限制，还能实现工厂化生产，在一定时间内可获得大量脱毒苗。在人工调控的光、温、水、肥等条件下进行繁殖，可避免病毒再侵染。脱毒试管苗也可在防虫温室或网室内以苗繁苗。

（5）原原种繁殖。将无毒苗栽入防虫温室或网棚中，采取严格的防毒措施和精细化管理生产原原种。应少施氮肥，多施磷肥、钾肥，既要防止茎叶徒长，又要促进多结薯块。

（6）原种繁殖。将原原种苗栽于原种繁殖田，适时喷施农药防治蚜虫等害虫，精细化管理生产原种。

(7)合格种薯繁殖。选土层深厚、结构疏松、肥力较高、便于排涝的地块繁殖。生长期间及时喷药防蚜虫，拔除病株、杂株及杂草。

(8)收获贮藏。选择天气晴朗、土壤干爽时收获，最大限度地减少机械损伤，并剔出病薯、烂薯、虫蛀薯、破碎薯块及泥土等，就地晾晒至薯皮干燥，以降低贮藏期发病率。选择具有该品种特征特性、生长健壮、无病虫害、薯皮光滑、无侧根、未受冻的薯块装袋、挂牌，入库贮藏。运输和贮藏期间，尽量减少转运次数，避免机械损伤。不同品种、不同级别种薯单独贮藏，严防混杂。贮藏期间要加强管理，防止种薯过早萌芽、水分损失过多。

184 脱毒甘薯种薯分级依据是什么?

(1)品种典型性。用于种薯生产的品种，必须经过可靠的品种鉴定试验，确认具有该品种的典型性状，如薯形、薯皮色、薯肉色及叶色等。

(2)品种纯度。原原种和原种的纯度不低于99%，生产种纯度不低于国家二级种薯标准，即96%。

(3)薯块病虫害。病毒感染程度是脱毒种薯分级的主要依据，也包括甘薯黑斑病、甘薯根腐病、甘薯茎线虫病等主要病害。对于各种病害，各级种薯都有最高允许发病率和最高病害指数。如果检验结果超过规定的最高病害指数，应将种薯降级或淘汰。

(4)薯块整齐度。脱毒原原种、原种、生产种的整齐度应不低于国家二级良种标准(80%)，不完整薯率应低于6%。

(5)植株生长情况。因缺素症或徒长造成病毒病隐蔽时，如不能进行病毒鉴定，须将种薯降级。

(6)侵染源。如果原原种或原种繁种田邻近地块有病毒侵染源，应将种薯降级，有时可视情况只将靠近侵染源的部分种薯降级。

185 我国普遍采用几级种薯种苗生产繁育体系?

利用脱毒苗，在一定的条件下通过世代扩大繁殖生产出来的达到相应脱毒效果和质量标准的种薯，包括原原种、原种、良种(一级种、二级种)等。

原原种：利用基础脱毒苗切段扦插，在防虫温室或网棚内繁育生产的无病毒种薯。

原种：用原原种在高海拔、气候冷凉、蚜虫少、天然隔离条件好、周边无其他级别种薯或商品薯的区域生产的合格种薯。

一级种：用原种在合格隔离条件下生产的合格种薯。

二级种：用一级种在合格隔离条件下生产的合格种薯。

186 为什么要积极推行甘薯全程机械化栽培技术？

目前我国甘薯种植机械化水平较低，基本采用传统手工作业方式，劳动强度大，经济效益不能有效呈现，随着甘薯产业迅速发展，规模化、标准化种植面积不断扩大，甘薯生产机械化技术滞后严重制约了甘薯产业的发展，由人工种植向机械化发展，实现全机械化操作已成为市场必然需求。目前，日本、美国等发达国家的甘薯生产已实现机械化，很多田间作业均由机械完成，劳动强度与田间工作大幅度降低。据有关资料介绍，在日本生产甘薯的累计工时最低可降到 46.5 小时/公顷，功效较传统人工种植提高了数十倍，这得益于完善与高效的甘薯生产机械。甘薯生产全程机械化技术是以机械化种植和收获技术为主体技术，配套机械化深松整地和起垄、移栽、割藤及收获技术等，达到减少工序、提高生产效率的目的。农机推广部门要结合本区域甘薯生产的种植方式，有计划、有目的地合理引进推广全国现有的较先进的、适用的起垄铺膜机和收获机，正确引导种植户对机械作业的认识和使用，不断促进和扩大甘薯生产种植面积，尽快完成甘薯生产主要环节的机械化。

187 甘薯生产机械化技术路线是怎样的？

针对我国主产区的甘薯种植制度、栽培特点，以及社会、经济、自然条件，分清缓急，先易后难，从关键环节、重点问题入手，分步攻克、逐步推进，农机与农艺融合，现有技术革新与新技术研发并举，尽快提供一批适宜的甘薯生产作业机具，逐步缓解甘薯生产之急需的原则，中国现代农业甘薯产业体系做了许多具体的研究，体系专家们初步研究提出了《我国甘薯生产机械化技术路线》。

（1）分步推进，先平原后丘陵，先大户后散户。

（2）农机农艺融合，以利于机械作业为目标，选育品种，改进和规范栽培技术。

（3）提升规范现有垄作技术，研发大型和微小型起垄机具。

（4）先栽后浇、分段作业、裸苗移栽优先、重视钵苗移栽。

（5）切蔓粉碎还田优先，逐步发展整蔓收集饲用。

（6）推进提升分段收获，重视开发丘陵机械，加快研发两段式收获，逐步发展联合收获。

188 甘薯地膜覆盖增产原理是什么？

甘薯覆盖地膜栽插可起到提高地温、保持土壤水分、防止土壤板结和减轻杂草危害的作用。采用覆膜措施可将春薯的栽插期提前 10 ～ 15 天，达到早栽早收、提高产量、改善薯块的外观品质、提高种植效益的目的。

（1）温度。甘薯生育期间的低温是影响产量的重要因素。地膜覆盖栽培能改善田间小气候，土壤受光增温快，散温慢，起到保温作用，有利于甘薯生长发育，克服无霜期短、早春低温、干旱等不利因素，是提高甘薯产量的有效措施。

（2）肥力。地膜覆盖促进土壤养分的转化、增加土壤肥力，其原因：一是土壤温度的升高，保水力强，有利于土壤微生物的活动，加快了土壤有机质的分解，使不易被作物吸收的养分变成易被作物吸收的养分。二是阻止土壤养分随土壤养分挥发而损失，同时不易被雨水或灌溉水淋溶流失。钾、硝态氮、铵态氮等含量均有增加，覆盖后土壤中能被作物吸收利用的养分增多了。因此改善了植株的营养状况，提高了植株的营养。

（3）保墒。甘薯多在旱地种植，很少有灌溉条件。覆盖栽培由于地膜的阻隔，能够最大限度地积蓄土壤水分，减少消耗和流失，是提高甘薯产量的重要措施之一。尤其在干旱时保墒效果更为理想。进入雨季，又能阻止土壤直接接纳雨水，使覆膜地块易于排水，起到防涝的作用。

（4）根系。甘薯生育前期覆盖地膜能促进根系的生长发育，显著提高了根系活力，改善了土壤的物理化学性质，促进了甘薯地上部生长发育，加速了植株健壮生长，促进早结薯、早膨大，为中后期进一步膨大奠定基础。覆盖透明膜和黑色地膜提高了甘薯的分枝数、叶片数、茎长度、茎叶鲜重、块根鲜重、块根干重，均比露地栽培有显著的增加。

189 如何在甘薯田使用地膜覆盖技术？

（1）适宜范围。适宜无霜期短、有效积温不足的地区。盖膜后能有效提高地温，增加积温，提高土壤抗旱保墒能力，增产效果显著。

（2）整地施肥。选用地势平坦、土层深厚、通气性良好、保水保肥、疏松的沙质壤土为宜。播种前平整疏松土地，同时在整地时必须一次性施足肥料，由于覆膜栽培不便于田间追肥，同时又由于膜内温度高，促进土壤微生物分解，造成生育前期地上部生长健壮，消耗养分多，中后期会出现脱肥现象，所以肥料用量要比露地栽培增加 40%～50%，纯氮 25 ～ 30 千克，五氧化二磷 20 ～ 25 千克，氧化钾 38 ～ 45 千克，氮磷钾比例以 1∶0.8∶1.5 为宜。

（3）起垄覆膜。采取高垄双行密植，起垄时要求做到垄形肥胖，垄沟窄深，垄面平，垄土踏实，无大垡和硬心。高垄双行一般垄面 40 ～ 50 厘米，垄高 25 厘米左右，株距 20 厘米。地膜覆盖比露地栽培密度要高，每 667 平方米密度保持在 4 000 ～ 5 500 株。一般先覆膜后栽苗，先用小锹按株距切口，水平栽插，用土把口封严一次完成。覆膜力求做到“紧、平、严”。覆膜后要经常检查，发现膜被风刮起或膜面破损，应及时盖土封严。

(4)田间管理。要及时查看田间缺苗情况，缺苗要及时补栽，力争全苗。栽后一个多月，薯块开始形成，薯块膨大前清除田间杂草，除草时尽量做到不碰破地膜。秧苗栽植后结合防治蚜虫、飞虱等害虫可叶面喷施20%盐酸吗啉胍·乙酸铜可湿性粉剂400～500倍稀释液，每3天一次，连喷2～3次。在进入薯块膨大期后，每隔10天进行一次叶面喷肥，每50千克水中兑磷酸二氢钾0.1千克加尿素0.25千克，混匀后每667平方米喷液约100千克，在叶面上促进藤叶养料向块根运转，促进块根膨大。

190 什么是甘薯“两段法”栽培技术？其技术要求是什么？

甘薯两段育苗就是根据甘薯喜温、无休眠期和连续生长的特性，利用冬季和早春创造适宜的温湿条件，能做到早育苗、育壮苗，用种量少且产苗量大，繁殖系数大幅提高，有利于甘薯早栽高产，从而提高经济效益的方法。

“两段法”就是甘薯第一阶段在冬季塑料大棚加塑料小拱棚的增温效应，集中排种催芽出苗，来年春季再进行第二阶段，按一定密度规格移植到育苗田扩繁种苗的一种方法。

甘薯两段育苗方式采取酿热温床育苗、电热温床育苗两种方式，其技术要求如下：

(1)根据市场需求选择甘薯品种，选用良种要求薯块整齐、无病、无外伤、大小适中，应选择具有原品种特征的薯块。

(2)苗床地址选择在土壤肥力好、土质疏松、排水良好、土层深厚、水源方便、管理方便的田块。床土的质量影响薯苗的生长，苗床应两年以上没种过甘薯，固定苗床应事先更换床土或进行土壤消毒。

(3)采用酿热温床覆盖薄膜育苗首先应该搭建温室暖棚，酿热物用农作物的秸秆、杂草、树叶等或者选用鸡、牛、羊等禽畜粪便等发酵生热。它的优点是节省燃料、出苗齐、出苗较快、成本低。苗床宽1.2～1.5米，长5米，深度0.4～0.5米；酿热物踩压后，需要盖上10厘米厚的肥沃床土再盖上薄膜；排种后浇足水，上盖3厘米左右的细土，盖好塑料薄膜，四周用泥封好，以利发芽。为确保甘薯发芽出苗对温度的需要，除建立酿热温床外，地上部分还要采取双层膜覆盖口。

(4)电热温床育苗是近些年应用在甘薯上的一项新技术，比普通酿热温床升温快，温度持续期长。育苗不同阶段方便控制温度，达到设定温度自动断电，保持育苗适温，自动控温管理方便，可实现高温催苗、中温长苗、低温炼苗。苗床长5米，宽1.5米，深25厘米，在苗床底铺10厘米的营养土，整平踩实。然后在床土上布电热线，先在苗床的两头以间距5厘米左右固定一些小木桩，把电线拉直固定在木桩上，平均线距5厘米。电源放在床外管理方便的地方，一般每平方米100瓦。电热线布好后，均匀覆上5厘米厚的床土，整平后排种、浇水、盖土。使用时一定要注意苗床用电安全。

什么是菜用甘薯“三早”栽培技术?

“三早”栽培技术是指正确利用大棚、温度、水分、空气、肥料等条件，缩短育苗进程，使菜用甘薯新品种冬季早育苗、翌年春季早扦插、早收获上市销售的一种方法。使用“三早”栽培技术，冬季采用大棚加拱棚、加地膜覆盖，必要时还可加电热进行增温越冬，3 月中旬产品即可上市，比普通露地栽培提早 1 个月左右。这个时期甘薯茎叶特别鲜嫩，口感极佳，并且正好是其叶菜类蔬菜空档期，因而产品供不应求。

“三早”栽培技术具体操作过程中要注意什么?

(1)冬季采用温室大棚种植，可突破气候温度的限制，实现周年生产种植。选择水肥利用方便、不重茬的田块，选用粗壮、无病虫害、带新叶的顶段苗，利用顶端优势，可促进根叶的生发，垄作畦作均可。11 月中下旬覆盖大棚膜以后及 12 月上中旬加盖拱棚薄膜以后，注意适时通风透气。如气温大幅度升高，则延长通风透气时间，并适时揭去拱棚薄膜，以加大通风透气力度。冬季注意天气变化，如遇降雪，应及时清扫，以防积雪压垮大棚。

(2)第二年春天，当气温逐渐回暖，要及时调整大棚和拱棚膜的覆盖，使越冬菜薯植株的环境温度适当升高，如发现越冬菜薯的薯藤开始萌芽，根据天气情况，早晚仍用薄膜覆盖保温，白天适当掀膜通风透光，同时注意大棚和拱棚合理通风透气，以促进新薯藤健康生长。

苗床管理应以催为主，以控为辅，催控结合，看苗管理。出苗到齐苗阶段，要尽可能提高床温，减少水分蒸发，有条件的可在棚内加一层膜。

(3)翌年 4 月中下旬逐步拆除拱棚薄膜，5 月上旬拆除大棚四周薄膜，只留大棚上部薄膜防大雨、强光照，以促进嫩叶、嫩茎健康生长。晴天中午应及时通风降温，防止棚温过高烧苗。苗高 15 ～ 20 厘米时，温度降至 20℃，即可剪苗。

鲜食甘薯优质栽培技术要点是什么?

(1)选用优良甘薯品种。在选用良种的基础上，选择薯形规整、具有本品种典型特征、薯皮光滑、色泽鲜明、大小适中的健康薯作种薯。

(2)地膜育苗，培育壮苗。苗床应选择背风向阳、地势较高、排水较好、用水管理方便的地方。因床土的质量影响薯苗的生长，苗床土要求土质肥沃、两年以上没种过甘薯。以薯块排种育苗，盖好塑料薄膜，四周用土封严实，保湿保温。播种后 25 ～ 30 天开始出苗顶土时，若遇晴天，上午 10 时将地膜揭去，浇一次稀粪，安装上

竹搭架，重新将地膜放在竹搭架上，每天坚持早揭晚盖。若遇连阴雨天就将地膜盖严。

(3)起垄栽植，力争早栽。垄栽规格要依据地势和栽植方式而定。做成水平垄，以保证天然降水水分不失。较平整、土壤肥沃的地块要尽量做成平直大垄，低洼地块要做到便于排涝，垄宜窄而高。大垄垄高 30 厘米左右，垄距 80 ～ 90 厘米；小垄垄高 25 厘米左右，垄距 75 ～ 80 厘米。株距 20 厘米，每 667 平方米密度 5 000 株左右。

(4)施足底肥，看苗追肥。底肥要施足，底肥占总肥量的 70%，氮磷钾比例以 1∶0.8∶1.5 为宜。整土后起垄前均匀撒施地面，通过起垄将肥料与土壤混匀盖好，保证整个生长期的养料供应。追肥一般施三次，即栽后 10 ～ 20 天每 667 平方米施尿素 10 ～ 20 千克(或碳铵 15 ～ 20 千克)，促进早分枝、早封垄；栽后 40 天至封垄前，每 667 平方米施复合肥 15 ～ 20 千克，与腐熟的油菜壳 15 ～ 20 担拌匀，施于垄面，结合清沟培垄盖好肥料；立秋至处暑，对藤叶旺盛的田块进行根外追肥，每 50 千克水兑磷酸二氢钾 0.1 千克加尿素 0.25 千克，混匀后每 667 平方米喷液约 100 千克，在叶面上促进藤叶养料向块根运转，促使更多小薯变大薯，大薯长得更大。

(5)及时防虫。甘薯在生长中常受小地老虎、蛴螬、甘薯天蛾、斜纹夜蛾等危害，生育期间应加强综合防治。

(6)及时收获。10 月中下旬根据温度变化开始收获，先收春薯后收夏薯，先收种薯后收食用薯，至霜降前收获基本结束。如果收获期过晚，甘薯在田间容易受冻，为安全贮藏带来困难；收获过早，贮藏前期高温愈合，库温难以降下来，容易腐烂。收获过程中，尽量防止薯块摩擦、碰伤，以利于贮藏。

194 国内甘薯加工生产概况是什么？

甘薯是重要的粮食、饲料、工业原料及新型能源块根作物，甘薯在我国粮食作物生产中总产排列第四位，仅次于水稻、小麦、玉米，种植面积有 600 万公顷，总产量在 4 亿吨左右。近年来，随着食品加工业的不断进步和市场需求的增加，甘薯已经由粮食作物转变为多用途、高产、稳产、高效的经济作物，正逐步向综合利用及商品化方向发展。

随着食品加工业的不断进步和市场发展的需求，我国的甘薯加工产业发展较快。甘薯作为能源作物用于生产燃料乙醇，通过淀粉发酵工艺生产酒精能转化为 2 000 多种轻化工产品。甘薯淀粉在食用、化工、医药、能源利用等行业都有着广泛的用途，目前传统的粉丝、粉条、粉皮制品以及淀粉类休闲食品仍占加工市场的主导地位。

目前，我国甘薯加工产业多种方式并存，主要有家庭手工小作坊、专业户半机械化的中小型加工厂和上规模的全程自动化流水线加工企业等。其中家庭手工小作坊仍然采用传统的加工方法和技术手段，因此产品档次低、质量不高、经济效益低，一定程度上决定了我国甘薯加工产业的规模化和集约化程度还不高。近年来，在甘薯产业科技进步方面，由于新型甘薯加工机械的研制和推广，已经打破了甘薯加工技术落后的局面，甘薯加工企业的数量逐年增加，一些大企业不断地在更新加工技术和设备，已经培育出一批产业化、规模化的大型龙头企业。

195 加工甘薯优质栽培技术要点是什么？

(1) 优选良种。根据当地的气候条件和市场需求选择适合当地种植的抗病耐贮、综合性状良好的高淀粉型甘薯品种。

(2)整地起垄。选择土层较厚、排灌良好的沙壤土种植。每 667 平方米施纯氮 20 ～ 25 千克，五氧化二磷 15 ～ 20 千克，氧化钾 35 ～ 50 千克，氮磷钾比例以 1∶0.8∶1.5 为宜。垄距 70 ～ 80 厘米，垄高 30 厘米，株距 20 ～ 25 厘米，每 667 平方米密度 4 000 ～ 5 000 株。栽植方法选择斜插法。

(3)田间管理。底肥一般占总肥量的 70%。整土后起垄前均匀撒施地面，通过起垄将肥料与土壤混匀盖好，保证整个生长期的养料供应。追肥一般施三次，即栽后 10 ～ 20 天每 667 平方米施尿素 10 ～ 20 千克(或碳铵 15 ～ 20 千克)，促进早分枝、早封垄；栽后 40 天至封垄前，每 667 平方米施复合肥 15 ～ 20 千克，与腐熟的油菜壳 15 ～ 20 担拌匀，施于垄面，结合清沟培垄盖好肥料；立秋至处暑，对藤叶旺盛的田块进行根外追肥，每 50 千克水兑磷酸二氢钾 0.1 千克加尿素 0.25 千克，混匀后每 667 平方米喷液约 100 千克，在叶面上促进藤叶养料向块根运转，促使更多小薯变大薯，大薯长得更大。

196 甘薯品种的引种推广要注意哪些问题？

(1)要尽量从科研机关或繁育专业场所引种，科研机关保存的材料比较多，能够组织多点示范试验，对各品种有比较系统的评价资料。

(2)不要从病区引种。目前北方甘薯主要病害是线虫病与根腐病，前者在很多地区大面积发生，严重时绝产。线虫病可随薯块、薯苗、土壤、流水等传播，很多地区发展甘薯时忽略了这一问题而将病害带入无病地区，短短几年病害严重发作，土壤带病后难以根除，且病害会逐年积累，严重影响了甘薯生产。

(3)不要引种水分含量大的品种。含水多的品种一般鲜产较高，具有较大的欺骗性，其实用价值不大。对于兼用型品种，干物率要高于 25%，鲜食型品种的干物率可放宽，一般不要低于 20%。建议在大量采购前先行调查，取几个薯块带回切成细丝晒干或烘干，以检验是否符合参数。

(4)要注意品种的适应性。甘薯品种对土质、栽培方式、气候等因素有特殊适

应性，环境改变可能面临减产的风险，如热带地区品种引到北方往往不结薯，建议远距离引种时要充分考虑生态气候的差异，最好先少量引种试种，可在试验示范的基础上扩大种植，不要盲目引进，避免损失。

(5)不要盲目相信媒体宣传的特高产甘薯品种。目前甘薯良种的鲜产水平为每667平方米春薯产量2 500～4 000千克，夏薯产量2 000～2 500千克。大面积种植能够达到每667平方米产量2 500千克就已经很了不起，宣传的每667平方米产量0.5万～1万千克一般不切合实际。

(6)薯块大小对品种特性没有影响。一般来说在早期大薯块的薯苗比较壮，而小薯块生长的苗偏细，但经过生长及锻炼，小薯苗也会同样粗壮。单块重量25克以上的薯块在育苗时都没有问题，重要的是搞好苗床管理工作。

(7)引种后尽快处理。引种后尽快入苗床，因为甘薯在搬运过程中有些表皮损伤，排入苗床后通过提高地温可使损伤尽快愈合，如果购入种薯后放置时间过长，可能容易导致软腐病发生，严重时存放10天损失20%以上。

197 鄂菜薯1号有何特征特性？其栽培技术要点是什么？

鄂菜薯1号是湖北省农业科学院粮食作物研究所用“W-4”作母本、鄂马铃薯3号作父本有性杂交选育而成，叶菜类甘薯品种。2010年通过湖北省农作物品种审定委员会审定。鄂菜薯1号基部分枝数10.8个，平均茎粗0.28厘米，叶形心形，顶叶、叶、叶脉、茎均为绿色。品质经农业部农产品测试中心(定点)测试，鲜样蛋白质含量3.28%、脂肪含量0.39%、粗纤维含量1.18%、干物质含量10.2%、碳水化合物含量5.23%、灰分含量1.34%、维生素347毫克/千克、类胡萝卜素24.1毫克/千克、钙(以干基计)8毫克/千克、磷(以干基计)6毫克/千克、铁(以干基计)209毫克/千克。在鄂菜薯1号中检测到17种人体所必需氨基酸，氨基酸总和为25.9毫克/千克，其中又以谷氨酸、天冬氨酸、亮氨酸、丙氨酸、赖氨酸为主。品质综合评分4.5分，居试验第一位。适口性较好，无苦涩味。试验试种一般每667平方米产鲜茎叶2 000千克左右。春栽从定植到采收45天左右，植株生长势较强，茎秆及叶片光滑、无茸毛。耐湿性较好。适于湖北省平原、丘陵地区种植。

其栽培技术要点如下：

(1)选用壮苗。合理密植，选用茎蔓粗壮、无病虫害、带心叶的顶段苗，适时早插，这样插后发根快，且生长适温期较长，有利于菜薯茎叶充分生长和产量提高。菜用型甘薯为蔬菜专用薯，一般栽植密度以每667平方米1.3万～1.7万株为宜，以平畦种植为好。

(2)科学施肥。促进早发快长，选择肥力较好、排灌方便、富含有机质的土壤，基肥以有机肥(人粪尿、厩肥或堆肥)为主，配合适量化肥，追肥应以人粪尿为主，适当偏施氮肥，以促进茎叶生长，尽快进入生长高峰。菜用型甘薯生长前期植株小，对肥料需求少，宜在栽后 7 ～ 10 天，每 667 平方米用稀薄人粪尿 1 000 千克浇施；栽后 20 ～ 30 天，结合中耕除草，分别按每 667 平方米 1 000 千克稀薄人粪尿加配 10 千克尿素和 2 千克氯化钾浇施；采摘后及时补肥，按每 667 平方米 5 千克尿素和稀释 2 ～ 3 倍的人粪尿 1 000 千克浇施，以促进分枝和新叶生长。

(3)及时管理。分枝菜用型甘薯移栽后 12 天左右，应摘心促进腋芽形成侧枝。以后每次采摘后要在枝条茎部留 2 个左右的节间，以保证再生新芽。采摘同时还要对母茎进行修枝，去掉底部老茎滋生的畸形小芽，保证群体的通风透光和营养的集中供给。掌握“留一、露二、不超三”的修剪原则，即地上部分保留 1 ～ 2 片功能叶，地表露出 2 个节间，苗茬高不超过 3 厘米。采摘完叶片的长蔓应及时修剪，保留离基部 10 厘米以内且长度在 20 厘米以内的分枝，隔天待刀口稍干后及时补肥，以保证养分供应，促进分枝及新叶生长。

(4) 合理调控湿度、温度和光照。采取小水勤浇的措施进行频繁补水，有条件的可采用喷灌，保持土壤湿度在 80%～ 90%。茎叶在 18 ～ 30℃内温度越高生长越快，冬天可用大棚生产，适当遮阴有利于食用品质提高。

(5) 适时采摘。菜用型甘薯栽后 25 天左右开始封行，已有 10 ～ 12 片舒展叶的嫩梢，就可以开始少量采摘，以后产量逐渐上升。茎叶菜用型甘薯的幼嫩茎组织柔嫩，采摘宜在早晨日出前进行，茎尖生长主要在夜间，此时茎尖收获较脆嫩。同时还应根据蔬菜市场供求情况分期分批采收，以调整价格和保证长期供应。尽量缩短和简化产品运输流通时间和环节。采取剪割采收、小包装上市或集装箱运输批发销售。

(6)综合防治病虫害。菜用型甘薯茎叶通过配套栽培管理比较脆弱，容易遭受斜纹夜蛾、玉米螟、繁叶蛾等食叶性害虫危害。生产上应以轮作套种、捕捉诱杀、防虫网隔离等综合措施防治，药剂宜选用高效、低毒、低残留的生物杀虫剂（如天霸、菜喜等）进行防治，避免使用化学农药，保证产品达到无公害蔬菜标准和要求。宜在非薯瘟地和非病毒病高发地进行种植，同时应加强管理，注意防止甘薯蔓割病、甘薯瘟病和甘薯病毒病的发生。

198 浙薯 132 有何特征特性？其栽培技术要点是什么？

浙薯 132 是浙江省农业科学院作物与核技术利用研究所以浙薯 13 为母本，浙薯 3481 为父本杂交选育而成的优质、早熟、高产迷你型甘薯品种。该品种种薯发芽快，苗期长势旺，薯苗较粗壮。属中短蔓品种，蔓长 250.3 厘米，藤蔓较粗壮；叶片心形带齿，顶叶色绿边紫，成熟叶色浓绿，叶脉紫色，叶柄绿色，茎色绿，基部分枝数 4.9 个。结薯集中，前期膨大较快，平均单株结薯 4.16 个，薯块个头较小，单块薯重 132.5 克，50 ～ 250 克的中薯比例为 60%～ 75%；薯块长圆形，薯皮红色，薯肉橘红色，表皮光滑。薯块干物率 30.7%，淀粉率 17.34%，可溶性总糖含量 5.93%。鲜薯蒸煮食味甜，口感软。耐贮性较好。浙江地区一般每 667 平方米产量 2 100 千克左右，早收栽培于 4 月底至 5 月中旬扦插，90 ～ 110 天后收获，平均每 667 平方米产鲜薯近 1 300 千克。该品种早收产量较高，食用品质较优，商品性好，适合鲜食和薯脯加工。适宜浙江省种植。

栽培技术要点：该品种作常规栽培时，密度为每 667 平方米 3 000 ～ 3 500 株，生育期控制在 135 天左右；每 667 平方米施尿素 10 千克、氯化钾 13.3 千克，磷肥适量，耕作时作基肥一次性施入垄心，生长中期视苗情可适当追肥，每 667 平方米施尿素 3 千克。作早收栽培时密度为每 667 平方米 4 000 ～ 4 500 株，生育期控制在 80 ～ 100 天；施肥宜控氮增钾，避免徒长，每 667 平方米尿素 6 千克、氯化钾 16 千克，磷肥适量，耕地时作基肥一次性施入垄心，不使用未经发酵的农家肥，以免招引地下虫害，降低商品率。

199 徐薯 22 有何特征特性？其栽培技术要点是什么？

徐薯 22 是由江苏徐州甘薯研究中心以高淀粉品种豫薯 7 号为母本、双抗高产兼用型品种苏薯 7 号为父本，于 1995—2002 年选育而成。2003 年 1 月经江苏省农作物品种审定委员会审定。该品种叶形心齿，顶叶叶脉、叶、茎均为绿色，薯蔓长中等，地上部长势强，分枝数 6 ～ 10 个。薯块呈下膨纺锤形，薯皮红色（图 65），薯肉白色，大、中薯率高，结薯集中、整齐。鲜薯淀粉含量 21.48%、粗蛋白含量 5.32%、可溶性糖含量 9.84%。食味中上等。耐贮，萌芽性特好。平均每 667 平方米鲜薯产量 2 258.2 千克，薯干产量 712.3 千克。该品种淀粉含量高、产量高、适应性广，是一个理想的淀粉加工型品种。适宜在江苏、浙江、江西、湖南、湖北、四川、重庆作春薯、夏薯种植。

图 65　徐薯 22 的薯形特征

栽培技术要点：徐薯22萌芽性好，不仅出苗早，同时苗期生长快，采苗量高。生产上要强调稀排种，排种量可控制在每平方米18千克内，这样不仅有利于培育壮苗，同时也节省种薯，栽插密度为每667平方米春薯3 500～4 000株，夏薯、秋薯4 000～5 000株。茎蔓中等，地上部生长势强，茎叶后期有衰退现象，可适当密植，并注意后期茎叶保护。结薯较迟，特别要注意结薯前期土壤保持良好的通气状态，以利块根的尽早形成。该品种抗病性不突出，应注意采取综合措施，防止病害，可采取高温愈合、高剪苗及种苗的药剂处理防治甘薯黑斑病。喜湿耐涝渍，抗旱性较弱，要适时抗旱，确保丰产丰收。

200 徐薯32有何特征特性？其栽培技术要点是什么？

徐薯32是由江苏徐州甘薯研究中心以徐薯55-2为父本、红东为母本育成的超短蔓优质高产食用及淀粉加工兼用型甘薯新品种。该品种地上部半直立，顶叶紫色，叶片深绿，叶片大、缺刻浅、全缘无毛，叶主脉紫，侧脉淡紫，叶柄绿色，柄基淡紫，节间短；茎蔓绿色，粗且短，夏薯蔓长一般在80厘米以内，生长势中等，分枝数多，平均14.72个，茎粗0.61厘米，通风透光好，耐密植。结薯早，整齐而集中，单株结薯数3～5个，大、中薯率高；薯块纺锤形，薯皮红色，薯肉黄色，薯形美观(图66)。鲜薯块中蛋白质含量2.08%、淀粉含量19.48%、蔗糖含量4.26%，并含有丰富的微量元素。一般春薯每667平方米产量3 000～3 500千克，烘干率32%，出粉率19%；夏薯每667平方米产量2 500～2 800千克，烘干率28%，出粉率17%。熟食味佳，香、面且糯。薯块萌芽性好，苗多、苗匀、苗壮，与甘薯品种徐薯22和徐薯27相当。该品种耐寒、耐涝，高抗甘薯根腐病，中感甘薯茎线虫病，感甘薯黑斑病。适于我国黄淮流域薯区和北方薯区作春薯、夏薯栽培。

图66　徐薯32的薯形特征

栽培技术要点：萌芽性好，每平方米排种 18 ～ 20 千克，及时剪苗以利培育壮苗。施足底肥，起垄栽植，密度为每 667 平方米 3 500 ～ 4 000 株，地力偏低田块应适当增加栽插株数。适当早栽，结合覆膜可提前上市。因其耐旱性、抗甘薯黑斑病性差，注意防治甘薯黑斑病，遇干旱及时浇小水，遇涝排除地面积水。适宜在我国黄淮流域薯区和北方薯区种植，特别适于夏薯栽培、麦薯间套作、烟薯间套作及瓜薯间套作。

201 鄂薯 6 号有何特征特性？其栽培技术要点是什么？

鄂薯 6 号是湖北省农业科学院粮食作物研究所用“97-3126”作母本、岩薯 5 号作父本进行有性杂交，在子代实生系的无性繁殖后代中筛选而成的甘薯品种。2008 年通过湖北省农作物品种审定委员会审定。种薯繁殖萌芽性较好，出苗较整齐。属长蔓型品种，最长蔓长 289 厘米，茎匍匐生长，褐绿色，基部分枝数 3.5 个；叶绿色、心脏形，顶叶淡绿色，叶脉绿色。结薯较集中，单株结薯 2.9 个，薯块较整齐、纺锤形，薯皮红色（图 67），薯肉白色，大、中薯率 80%，烘干率 35.63%。鲜薯水分含量 62.2%，淀粉含量 26.6%，蛋白质含量 1.52%，可溶性糖含量 3.8%，纤维素含量 0.68%，灰分含量 2.58%。一般每 667 平方米鲜薯平均产量 2 370.4 千克，薯干产量 780 千克，淀粉产量 596.2 千克。对甘薯黑斑病、甘薯根腐病的抗性较好，感甘薯软腐病。适于湖北省甘薯产区种植。

栽培技术要点：培育壮苗，起垄栽培（垄高 30 厘米），合理密植，顶端 5 节薯移栽，直插，每 667 平方米栽 4 000 株左右。重施有机肥，增施钾肥，后期酌情叶面追施。适时抗旱排涝。苗期重点防治甘薯瘟病，贮藏期重点防治甘薯软腐病和甘薯黑斑病。适时抢晴收获，精选健薯贮藏。

图 67　鄂薯 6 号的薯形特征

202 商薯19有何特征特性？其栽培技术要点是什么？

商薯19是由河南省商丘市农林科学研究所以“sl-01”作母本、豫薯7号作父本进行有性杂交选育而成。属中短蔓型，叶片微紫色、心脏形带齿，叶片、叶脉、茎全绿色，茎蔓粗，蔓长1.0～1.5米，分枝8个，顶端无茸毛。结薯早而特别集中，单株结薯4块，无“跑边”，极易收刨；薯块长纺锤形，皮色深红，肉色特白（图68），薯块表皮光洁，上薯率和商品率高。烘干率36%～38%，淀粉含量23%～25%，淀粉特优特白，粗蛋白含量4.07%，可溶性糖含量14.53%。熟食味中等。商薯19连续两年参加全国区试，鲜薯和薯干产量居首位。一般每667平方米产量为春薯5 000千克左右，夏薯3 000千克左右。商薯19适合在河南、河北、山东、山西、江西、江苏、安徽、湖北等地作春薯、夏薯种植。

栽培技术要点：垄作栽培，每667平方米栽插密度春薯为3 500～4 000株，夏薯为4 500～5 000株。施肥以基肥和有机肥为主，控制氮肥用量，增加钾肥、磷肥，化肥随起垄施入垄心。一般每生产1 000千克鲜薯，需要施入氮5千克、磷5千克、钾10～12千克，氮磷钾的比例为1∶1∶2.5。前期促早发，中期稳长势、后期防早衰。封垄前后可进行叶面喷施，中期雨涝出现旺长时可用多效唑及时化控。在生产过程中注意防治甘薯黑斑病，不宜连作和在甘薯黑斑病重病区种植。

图68　商薯19的薯形特征

203 广薯87有何特征特性？其栽培技术要点是什么？

广薯87是广东省农业科学院作物研究所2000年以广薯69为母本，广薯70-9等10个父本集团杂交选育而成。该品种株型短蔓半直立，蔓粗中等，单株分枝数7～11条，成叶深复缺刻形，成叶、顶叶、叶柄、茎均为绿色，叶脉浅紫色。单株结薯4～7个，薯块整齐，薯块纺锤形，薯皮红色（图69），薯肉橙黄色。省区试两年平均每667平方米鲜薯产量2 560.1千克，薯干产量735.67千克，淀粉产量467.76

千克，晒干率 28.84%，出粉率 18.31%，食味评分 83.4 分。薯块蒸煮食用质地细腻、纤维少，味香甜。耐贮藏性较好。省区试抗病性鉴定综合评价为抗甘薯蔓割病，感甘薯瘟病。该品种生育期 120 ～ 140 天，适宜福建省非甘薯瘟病区种植。

栽培技术要点：选用薯皮光滑、无病虫害的中等薯块作种薯育苗；选择水肥条件好、土层深厚、土壤疏松的地块种植；早薯一般在 4 月中旬至 5 月上旬栽插，晚薯 8 月上旬前栽插，每 667 平方米栽插 4 000 株左右，薯苗入土以 2 ～ 3 节为宜。宜采用重施基肥，适时施用点头肥、夹边肥，看苗补施裂缝肥的原则，促进茎叶早生快发，使茎叶尽快封垄，确保足够的叶面积。栽插 7 ～ 15 天后结合中耕松土施点头肥，每 667 平方米用磷酸二铵 15 千克兑水浇施；植后 30 ～ 35 天施夹边肥，每 667 平方米施复合肥 15 千克、硫酸钾 10 千克，间隔 1 周左右在另一边施复合肥 10 千克、硫酸钾 10 千克左右，并视田间情况，结合防治地下害虫；在收获前 40 天左右视苗情，每 667 平方米用尿素 1 千克加磷酸二氢钾 0.2 千克兑水 75 千克喷雾，延缓茎叶早衰。栽插后使土壤相对含水量保持在 60%～ 70%，中期保持在 70%～ 80%。

图 69　广薯 87 的薯形特征

204 南紫薯 008 号有何特征特性？其栽培技术要点是什么？

南紫薯 008 号是南充市农业科学研究所 2001—2004 年从日本紫薯集团杂交后代材料中经过培育、鉴定、比较选择育成的一个优质食用型紫色甘薯品种。该品种为中熟、食用型紫色甘薯品种，萌芽性好，单薯发苗数 15.8 苗，幼苗生长势强。顶叶紫红色，成熟叶绿色、心脏形，大小中等，叶脉绿色，柄基绿色，蔓绿带褐色、中粗、中长，茸毛少，茎基部分枝 3 ～ 4 个，株型匍匐，无自然开花习性。结薯整齐集中，易于收获，单株结薯 2 ～ 3 个；薯块长纺锤形，皮色紫，肉色紫，薯皮光滑，薯形外观好。烘干率 23.86%，淀粉率 13.84%，可溶性总糖含量 7.95%，粗蛋白含量 0.722%，每 100 克鲜薯维生素 C 含量 21.4 毫克、β-胡萝卜素含量 0.0319 毫克、花青素含量 15.106 毫克；藤叶粗蛋白含量为 1.38%。熟食品质优。省区试两年平均每 667 平方米鲜薯产量 1 406.4 千克，藤叶产量 2 000.7 千克。抗甘薯黑斑病，贮藏性好。适宜四川省甘薯种植区域。

栽培技术要点：3 月上旬地膜覆盖育苗，5 月下旬至 6 月上旬栽插，每 667 平方米栽植 3 500 ～ 4 000 株。施肥以有机肥料为主，重施底肥，包厢或全层施用。追肥宜早，一般每 667 平方米用尿素 10 ～ 15 千克，过磷酸钙 20 ～ 25 千克，钾肥（草木灰）50 ～ 100 千克。及时中耕除草，防治病虫害，防旱排涝，不打尖、不提藤、不翻蔓，适时收获。

205 鄂薯 8 号有何特征特性？其栽培技术要点是什么？

鄂薯 8 号是湖北省农业科学院粮食作物研究所以山川紫为母本，日本绫紫为父本杂交选育而成。种薯萌芽性较好，植株生长势较强。叶片心形、绿色，叶脉淡紫色；蔓匍匐生长，绿带紫色，单株分枝数 8 个左右，最长蔓长 240 厘米左右。薯块纺锤形，薯皮紫红色，薯肉紫色。品质经农业部食品质量监督检验测试中心（武汉）测定，鲜薯花青苷含量色价为 18.28E。无苦涩味，适口性较好。2007—2008 年参加湖北省甘薯品种比较试验，两年鲜薯平均每 667 平方米产量 2 070 千克，薯干产量 45.3 千克。对甘薯黑斑病、甘薯软腐病抗性较好，对甘薯蔓割病抗性较差。适于湖北省甘薯产区种植。

栽培技术要点：培育壮苗，选择健康种薯，育苗前进行严格消毒。适时规范移栽，顶端五节苗移栽，斜插，垄作栽培，耕层 20 ～ 30 厘米为宜，结合深耕每 667 平方米施有机肥 2 000 千克，平整土地后起垄，垄距 80 厘米，垄高 20 厘米。每 667 平方米栽插 3 500 ～ 4 000 株。扦插后 1 个月，每 667 平方米施复合肥 10 千克、硫酸钾 5 千克，并进行培土，以加厚土层，促进块根形成。8 月上中旬，追施裂缝肥，促进块根膨大。在生长中期结合除草可提藤 1 ～ 2 次，防止结不定薯，确保产量，封垄后不要进行提藤。抢晴天适时收获，剔除破损的薯块贮藏。注意防治病害，重点防治甘薯蔓割病，贮藏期注意防治甘薯软腐病、甘薯黑斑病。

206 鄂薯 11 号有何特征特性？其栽培技术要点是什么？

鄂薯 11 号为食用型品种，萌芽性好。属中蔓型，分枝数 8 ～ 9 个，茎蔓较粗；叶片尖心形，顶叶绿色，成熟叶、叶脉、茎蔓均为绿色。薯形纺锤形，黄皮黄肉，结薯集中，薯块整齐，大、中薯率高，两年区试平均烘干率 27.53%，比对照徐薯 22 低 2.7 个百分点。食味极优。耐贮藏。高抗甘薯蔓割病，抗甘薯根腐病和甘薯茎线虫病，

感甘薯黑斑病，中感Ⅰ型薯瘟病，高感Ⅱ型薯瘟病。2012 年参加国家甘薯品种长江流域薯区区域试验，平均每 667 平方米鲜薯产量 2 413.7 千克，比对照徐薯 22 增产 7.32%；薯干产量 649.7 千克，比对照减产 4.43%。2013 年续试，平均每 667 平方米鲜薯产量 2 480.1 千克，比对照徐薯 22 增产 22.87%；薯干产量 696.8 千克，比对照增产 14.12%。2013 年生产试验平均每 667 平方米鲜薯产量 2 317.9 千克，比对照徐薯 22 增产 21.82%；薯干产量 666.4 千克，比对照增产 13.46%。

栽培技术要点：培育壮苗，适时早栽，栽植密度为每 667 平方米 3 600 ～ 4 000 株。施足基肥，每 667 平方米施 45%的复合肥 40 千克和硫酸钾 10 千克；施用点头肥后结合松土，除草施夹边肥结合中耕培土，生长中期提蔓不翻蔓；薯块膨大期喷施 0.5%尿素溶液、0.2%磷酸二氢钾、2%过磷酸钙浸出液，根据苗情喷施 2 ～ 3 次。栽前使用除草剂封闭防治草害，注意防治地下害虫。

207 什么是甘薯的套种模式？

甘薯的套种又叫套作，指在前季作物（比如玉米）成熟之前于其行间或带间，播种或移栽甘薯的种植方式。套种措施把不同株高、株型、叶形的作物组合在一块农田内，形成了农田小气象。套种种植改变了作物通风透光条件和扩大了农田的边际效应。在辐射能分布上，当太阳斜射时，套作田侧边叶片受光面积增大，变平面用光为立体用光。不同作物搭配，可以减少行株间漏光与茎叶的反射光。中午前后，当太阳辐照度过大时，套作田上因高秆作物茎叶对入射光的削弱作用，使强光减弱，有利于甘薯等矮秆作物的光能利用。当高秆作物对矮秆有显著遮阴作用时，套种的矮秆作物带行间的地温和气温要比单作田偏低，湿度较高。套种的主要作用是延长作物对生长季节的利用，提高复种指数，提高总产量，避开或减轻旱、涝、冷、寒等灾害，稳产保收。常见的套种模式有甘薯与冬小麦、大豆、旱稻、马铃薯套种等方式，在中国南、北方均有一定的种植面积。

208 木薯与叶菜薯如何套种？

木薯株行距宽，苗期较长，生长前期行间疏空透光，适宜与甘薯套作。3 月时先种木薯，施足底肥、农家肥，作畦，畦宽 90 厘米，沟宽 20 厘米，行距 2 米；4 月中下旬种菜用甘薯，采用直插法栽培，大小苗分开栽，株距 15 厘米，行距 20 厘米，栽后使土壤湿度保持在 80%～ 90%。施肥采取重施基肥、薄施多施速效肥的方法，菜用甘薯栽插后 30 天或 40 天采收，木薯和甘薯的生长期相近，待木薯和甘薯块根成熟后，采收甘薯苗，砍倒木薯树干，挖地采收木薯和甘薯。套种菜用甘薯对木薯植株生长及块根性状会产生一定的影响，但套种能增加木薯的种植效益。

209 叶菜薯与春苦瓜（丝瓜）—冬莴苣如何套种？

菜用甘薯与春苦瓜—冬莴苣的套种模式采用大棚骨架，充分利用了菜用甘薯耐阴习性和莴苣的耐寒习性，不但充分利用了空间，节约了土地资源，而且6—8月高温季节棚架上的苦瓜蔓叶可起到覆盖遮阴作用，避免了薯尖老化，有效地改善了菜用甘薯的食用品质。立体种植是一种高效的种植模式，实现了薯瓜的和谐生长。一般2月上中旬整地施肥，深耕20～30厘米，按高20厘米、宽150厘米作厢，厢面土壤要求平、松、软、细。春苦瓜播种育苗，3月中下旬在厢两边各用15厘米种植苦瓜，5月中旬至10月下旬收获；菜用甘薯3月中下旬在棚内扦插，4月中下旬至10月上旬收获；冬莴苣9月上中旬播种育苗，10月中下旬定植，12月至翌年2月收获。

210 马铃薯、玉米与甘薯如何套种？

作为商品的马铃薯要求上市早，须推广地膜加小棚覆盖，品种宜选用费乌瑞它、中薯5号、鄂马铃薯4号等早熟品种。播前每667平方米施腐熟畜粪肥2 500千克或草木灰1 000千克作基肥，出苗后按每667平方米用尿素5千克或腐熟人粪尿500千克，加水浇施，以促早发棵，早封垄。采用1.67米的宽行，播种2行早熟马铃薯（马铃薯窄行距40厘米，株距30～33厘米，密度为每667平方米2 400～2 600株），2行玉米（玉米窄行距40厘米，株距23～27厘米，播种密度视品种而定），实行宽窄行双行套种为目前最佳套种行比。马铃薯收获后，在原种植马铃薯位置扦插2行甘薯，株距20～25厘米，行距80厘米。

211 玉米与豆类+叶菜薯如何套种？

玉米于3月下旬育苗，2叶1心移栽。整地，底肥每667平方米配施过磷酸钙40千克、氯化钾10千克，宽行90厘米，种植2行玉米，玉米行距40厘米，株距37厘米，间种2行早大豆，每穴3株，穴距25厘米，早大豆行距30厘米。早大豆于4月上中旬播栽在玉米预留行中，大豆免耕直播，早大豆播完后，玉米及时带土移栽。7月上旬早大豆收获后，扦插2行菜用甘薯，株距20～25厘米，行距30厘米。氮肥管理措施应因种植模式不同而有所差异。选择玉米与大豆套作，并且采用分带轮作的种植方式，既有利于提高玉米产量，又可避免大豆的连作障碍。

212 甘薯与烟叶如何套种？

烟薯套作一般实行的是以烟为主的耕作制度，优先保证烟草种植需求，可实现利润的最大化，利于烟叶的生产稳定和可持续发展。播种前整地，整施足底肥，烤烟

于1月下旬播种，采用漂浮育苗，5月上旬大田移栽，总施氮量7.03千克，氮磷钾比例为1∶1.43∶2.88，种植行株距为1.2米×0.5米，每667平方米密度为1 000～1 200株，烟草7月开始采收，8月底采收结束，甘薯在烟草栽后50～60天移栽，套种于烟垄两边，每垄2行，株距0.5米，每667平方米种植2 000～2 500株。

213 什么是甘薯的轮作?

在种植甘薯的地块上，有顺序地轮换种植不同作物的种植方式。轮作是由不同复种方式所组成的。分一年两熟轮作制，甘薯与小麦轮作或甘薯与油菜轮作；间套作三年轮作制：第一年玉米/黄豆（或花生）间作，第二年小麦、黄豆/甘薯间套作，第三年小麦、玉米/甘薯间套作。这样，即有利于增产增收，又有利于土地的休养生息。有条件的要积极推行小麦与蚕豆（或油菜混种）粮肥间种，蚕豆作为冬季绿肥，翌年3月中、下旬翻压作为玉米底肥，效果很好。轮作因采用方式不同，分为定区轮作与非定区轮作。采用定区轮作，通常规定轮作田区数目与轮作周期年数相等，有较严格的作物轮换顺序，定时循环，同时进行时间上和空间上（田地）的轮换，即每一轮作田区按照同一顺序，逐年轮换不同的作物或复种方式，而每一作物或复种方式则按顺序逐年换地。为了保证每一作物每年有较稳定的播种面积，要求同一轮作中的每一轮作田区面积大小相近；为了便于管理和机械作业，还要求尽可能连片。当前在中国较少采用定区的轮作，而多采用不定区的换茬轮作，即轮作中的作物组成、比例、轮换顺序、轮作周期年数，均可有一定的灵活性。因此，比定区轮作，具有较大的适应性和可行性。

214 甘薯与小麦如何轮种?

小麦在11月播种，翌年4月收获，要夺高产必须抓好壮苗早插。要育出幼嫩肥壮的薯苗，在5月抢插甘薯，力争芒种前插完麦地甘薯。深沟开垄，分层施肥。收麦后立即翻耕压茬，分层施足有机底肥后开沟起垄（高20～25厘米，宽70厘米），插薯苗时，每667平方米再施1 500～1 800千克火土灰拌磷肥25千克、尿素15千克作促苗肥，施入穴内。适时中耕，合理追肥。一般插后20～25天进行一次中耕，促使靠近土表一节的门根提早发育成块根，多结大薯块。

215 甘薯与油菜如何轮种?

春薯4月中下旬至5月上中旬扦插，大垄双行三角对空定植，垄宽1.3米，高30厘米，垄上宽70～75厘米，每垄上栽2行苗，株距57厘米，双株栽培，三角对空插，每667平方米栽1 800株，即3 600苗左右（高肥地可单株栽培）。夏薯每667平方米栽1 500穴，每穴双株即3 000株，株距35厘米，行距90厘米，垄高45厘米

（高肥地可单株栽培）。油菜育苗移栽适宜在9月中、下旬播种，直播油菜最迟应在10月中旬播完。适龄移栽，合理密植。为了保证适期移栽，早发壮苗，大力推广稻田免耕、板田移栽新技术。在晚稻勾头撒籽时，深开围沟、腰沟，排水露田，晚稻收割后，开好畦沟，沟土撒在厢面上打碎整平，然后挖穴移栽，行距33.3～40.0厘米，株距16.5～19.8厘米，每667平方米栽8 000～10 000株。移栽时间一般力争10月底移栽完，苗龄30～35天，做到“三要三边四栽四不栽”，即行要栽直，根要栽稳，株要栽正；边起苗，边移栽，边用稀粪水浇好定根水；大小壮弱苗分开栽，栽有穴肥，栽大壮苗，栽紧根苗；壮弱苗不混栽，无肥不栽，瘦弱病害苗不栽，悬空吊根压心苗不栽。根据油菜生长发育特点，施肥原则是基肥足、早施勤施苗肥、重施腊肥、稳施薹肥、巧施花肥。基肥每667平方米施人畜粪1 000千克、钙镁磷肥25千克、钾肥5千克、10～15担优质土杂肥作穴肥。苗肥在栽后7～10天结合中耕每667平方米施尿素4～5千克兑水浇施，栽后15天施第二次苗肥。腊肥于12月底至翌年1月上旬结合培土，每667平方米施猪牛粪1 000～1 500千克。薹肥在2月底看苗追施，苗势弱重施、苗旺少施。花肥在初花期结合防治菌核病，喷施一次硼肥，每667平方米用硼肥200～250克兑水50千克喷施。

216 什么是甘薯的设施种植？

甘薯的设施种植是指在人工环境下进行的栽培，其特点是投资大，科技含量高。主要的设施有温室、苗床、排灌系统、温度控制系统、湿度控制系统、光照控制系统、施肥系统和植物保护系统。其中，以温室及其温度、湿度和光照控制系统为最基本的设施。设施栽培是人为地创造一种能使甘薯提前或延后萌芽、生长、成熟的设施生态环境，提早或延迟甘薯采收成熟时期，从而获得较高经济收益的一种新的反季节甘薯栽培方式。

217 为什么说设施种植甘薯能够带来更多的经济效益？

因为设施农业是采用人工的各类覆盖设施以及相关新兴智能技术的成套装备来进行农业生产，为植物创设更适宜的生长小环境。设施栽培人为地提供了甘薯所需光照、水分、营养等，设施内的甘薯受外界干扰因子较少，可以人工控制条件，使甘薯具有充分的环境条件生长，从而加快生长；同时设施还可进行立体栽培，充分利用空间扩大种植面积，提高复种指数，增加种植密度，节约土地，大大提高单位面积产出，从而获得高产量；设施栽培还可以人工控制甘薯的发育进度，使其按照人们的意愿去“产出”，并通过“改变”生产季节，调节甘薯的上市时间（或提前，或延缓），从而利用较好的错峰或反季节行情以及休闲观光采摘等而获得较高的经济回报。另一方面，设施栽培能根据甘薯生长发育需求提供一套专门的最适种植环境，

同时避免连作，使其健壮生长，发病少，且肥水循环利用和智能管理，不受外部环境干扰，可大大节省生产成本和人工投入，达到节本增效作用，从而进行优质高效的农业生产。随着农业的现代化发展，人工智能、大数据等新兴技术的应用，发展设施农业不仅可提高一个地区的农业竞争能力，对农产品质量提升、农民增收致富都起着重要作用。

218 什么是甘薯的水培技术？

甘薯的水培技术是无土栽培技术的一种，主要是指利用营养液代替土壤进行甘薯栽培的有别于传统土壤栽培形式的设施栽培技术，又称水耕法或营养液栽培系统，其特点是直接把甘薯植株的根系连续或间断地浸在营养液中，并通过一整套技术和设备保证植株只通过营养液为其提供水分、养分、氧气。其栽培的技术要点如下：

（1）保证氧气供给，避免根系缺氧。

（2）保证根系处于黑暗之中，以免因青苔滋生而传染疾病。

（3）固定植株。营养液栽培按供液方式可分为坐浴式、循环水式和喷雾式等；按栽培方式可分为漂浮式、营养液膜技术、深水流技术和雾培法或气培法。

219 什么是甘薯的空中栽培？

甘薯的空中栽培是利用现代温室栽培技术，将甘薯由传统的地下栽培转变成深液流水培栽培，配套空中（架层）基质压藤坐薯的栽培新技术。它应用了甘薯根系功能分离与连续结薯技术，水生根系为植株提供充足的水肥，压蔓产生的不定根成为贮藏根，实现了根系的分工合作，一次种植，可多年连续结薯采收，产量可以数倍提高。其简要栽培技术为：

（1）设施建设。在温室内建立栽培营养池，高 65 厘米，直径 1.5 米，池内营养液深度保持在 50 厘米左右，储蓄约 1 立方米营养液用于生长，池面上覆盖遮光泡沫板，保持根系生长暗环境，泡沫板中央开有一个小孔，用于定植薯藤。另建一个大的正方形贮液池，池内安装有水泵、过滤阀及供排管道，与栽培池连为一体，形成并保证整个营养液系统循环，各池中添加增氧设备增氧。温室内周年温度控制在 20 ～ 30℃。

（2）营养液的配制与管理。按甘薯需求进行大量元素与微量元素的合理搭配，pH 值控制在 5.5 ～ 7.0，可溶性盐浓度（EC）值调节在 1.2 ～ 2.5 毫西门子/厘米，每周化验一次，每两个月更换一次营养液。

（3）移栽与整枝。用花盘扦插育苗，待薯藤长到 50 ～ 60 厘米时，把薯藤根系从基质盆中小心移出，用清水冲洗干净根部基质，然后裸根移植到栽培池中，移植时根系浸泡到营养液中，用竹竿固定薯藤绑蔓上架。薯藤定植生长后，在 1 米以下基部培养 5 ～ 6 根侧枝，引蔓上架向四周生长，上架前长出的侧枝统一抹除；爬到 2.5 米高架面上的枝条，采取放任生长，对于重叠枝条适当修剪，保持良好的通风透光；冬季花芽量多时，应适当疏剪花芽，防止养分过分消耗，延长叶片寿命。

（4）挂盆催薯。对架面上空生长的薯藤，选留一根中老枝条，吊挂口径 40 厘米、加满基质的塑料盆，将薯藤茎部压入盆内基质中诱导生根，促成空中坐薯，操作时避免折断或损伤枝条，经 2 ～ 3 个月培养，盆内的薯藤根系膨大成薯后，撤去塑料盆，即可实现空中观薯的效果。在生长过程中，必须保证盆内基质的湿润，每隔 2 ～ 3 天浇一次清水，可以适当浇水肥，促进薯块生长。甘薯结薯需要根系暗环境和一定的土壤压力条件才能膨大，营养液中甘薯的根系由于缺乏土壤压力条件无法在水中产薯。

四、芋头种植实用技术

220 我国芋头的主要栽培分布区域有哪些？

我国芋头按自然地理环境条件及其栽培特点一般可分为四个栽培区域，即华南区、华中华东区、华北区及西南区。华南区包括广东、广西、福建、海南及台湾等地，其栽培品种类型有魁芋、多子芋及多头芋，其中以魁芋栽培面积最大；华中华东区包括湖南、湖北、江西、江苏、浙江、安徽等地，其主栽品种类型以多子芋为主；华北区包括山东、山西、河南、河北以及陕西等地，其主要栽培品种类型以多子芋为主；西南区包括云南、贵州、重庆、四川等地，该区芋头资源最为丰富，其栽培品种类型除了魁芋、多子芋及多头芋外，还有叶用芋与花用芋。

221 芋头含有哪些营养成分？其有何食用与药用价值？

研究表明，芋头的球茎富含淀粉、蛋白质、脂肪、水溶性多糖以及矿物质等营养成分，其中淀粉含量 19.5%，蛋白质含量 9.3%，水溶性多糖含量 12%，每 100 克芋头脂肪含量 0.2 克，游离氨基酸含量 89.8 毫克，所含 18 种氨基酸有 8 种是人体所必需的，富含钙、磷、钾、铁等 19 种元素矿物质。

芋头营养丰富，既可作蔬菜食用，也可用作粮食充饥，还可加工成多种食用产品长时间存贮供人们食用。芋头既可清蒸，也可煲汤或炖煮，还可烧炒，各种食用方法都味道鲜美，是人们喜食的佳品之一。除了食用之外，芋头还兼具有药用价值，它也是一种常用的中药材。芋头的球茎、叶片、叶柄和花均可加工入药。芋头含有一种黏液蛋白，可被人体吸收利用产生免疫球蛋白，提高抵抗力，消解痈毒，对肿瘤、淋巴结腺肿大等病症也有一定防治功效，也兼具有一定的降血压和胆固醇的作用。芋头中含有丰富的维生素 B_1、维生素 B_2 等 B 族维生素，与一些肉类搭配炖煮，可以起到营养素互补的作用，不但补气养血、强筋健骨，而且还能够防止皮肤老化，预防衰老。芋头富含纤维素，不仅能促进胃肠运动、预防便秘，还具有美容养颜、乌黑头发的功效。民间有用芋头水煎内服，可治胃痛、痢疾和慢性肾炎等病的偏方。应该注意的是，芋头含淀粉非常丰富，多食有滞气之弊，生食芋头有微毒。

222 芋头种植对环境条件有哪些基本要求?

(1)温度。芋头喜高温多湿环境，不耐低温与霜冻，高温湿润利于其生长发育和球茎的形成。一般环境温度升至10℃以上，芋头开始发芽，生长期间要求20℃以上，但不宜超过35℃，其球茎发育的最适温度为25℃左右。不同品种类型的芋头，对温度的要求有所不同。魁芋要求有较长的生长季节和持续的高温高湿环境条件，才能充分生长，因而其在华南区栽培较为普遍。多子芋和多头芋对低温适应性较强，所以黄河流域、长江流域及其他地区适于多子芋与多头芋种植。

(2)光照。芋头较耐阴，对光照要求不太严格，在散射光的条件下能正常生长，但光照强度与光照时间及其组成对芋头的影响较大。芋头的光饱和点在5万勒克斯左右，较强光照有利于芋头的生长和产量品质的提高。芋头在营养生长期要求有较长的日照，以促进叶面积的增加和植株的生长，增加光合产物积累；球茎的形成则要求较短的日照条件。

(3)水分。芋头由水生植物演化而来，喜湿润，但也不可长期淹水，不同生长阶段对水分要求也不一样。无论是水芋还是旱芋，生长期间均要求较为湿润的环境。生长初期温度低需水量不大，保持田间湿润即可，有利于芋头萌发长苗；生育中期是植株生长最快的时期，也是结芋的关键时期，此期间应大量供水。水芋应随温度升高，将田间水层从5厘米左右逐渐升高至15厘米左右，降低地温，促进结芋；旱芋应随着温度的升高，逐渐加大田间灌水量，保持田间湿润，8月高温时，保持沟底有水。入秋后气温下降，可逐渐减少灌水，保持土壤湿润即可。

(4)土壤。芋头为肉质根，根毛少，吸水肥能力较差，应选择地势平坦、土层深厚、耕层20～30厘米、疏松肥沃、富含有机质的壤土或沙壤土，还要求排灌方便，土壤含水量高，这样生长出的芋头表面光滑、产量高、品质优、商品性好。芋头对土壤酸碱度要求不是很严格，pH值为4.1～9.1都能正常生长，其最适宜的pH值为5.5～7.0。

223 芋头品种如何分类?

芋头品种按照水分生态型划分，可分为水芋型、旱芋型和水旱型三种类型。水芋型多在水田栽种，并保持田间一定深度的水层，多分布在我国南方水稻栽培区；旱芋型适于在旱地栽培，要求土壤保持湿润，在我国各地均有栽培；水旱型芋头只在我国南方的一些低洼或沟渠中有少量栽培。芋头品种按园艺学食用部位划分，可分为茎用芋、花柄用芋和叶柄用芋三种类型。茎用芋又可分为球茎用芋和匍匐茎用芋，其中球茎用芋可分为多子芋、魁芋和多头芋三种类型。多子芋类型的母球茎分蘖性强，其中部各节上发生的分蘖长成的芋头为子芋，从子芋上再发生的分蘖产生的小芋为孙芋，多子芋类型以食用子孙芋为主。魁芋类型的母芋分蘖弱，母芋发达而子

芋少，产生的子芋具有短柄，一般供繁殖用，魁芋类型以食用母芋为主。多头芋类型的母芋、子芋互相连接重叠，成为块状，母芋与子芋无明显差别，各个球茎不易分离，繁殖时须用刀切开。花柄用芋以食用花柄为主，地下球茎较小，可食性较差。叶柄用芋主要食用叶柄，其植株高大，地下球茎很小或品质低劣，可食性差或不能食用。

224 芋头的主栽品种有哪些?

芋头的主栽培品种有很多类型和品种，因地方或栽培区域不同而不同。华南区栽培魁芋较为普遍，其他地区也有部分栽培，如广西的荔浦芋头、贺州香芋，福建的福鼎芋、黄肉芋，广东乐昌的炮弹芋，海南的儋州香芋，台湾的面芋，浙江的奉化芋艿头，湖南的桃川香芋等。华中华东区以及华北区以多子芋种植较为普遍，如莱阳芋头、扬芋1号、鄂芋1号、鄂芋2号、金华红芽芋、香梗芋、白梗芋、绩溪水芋等。西南区除魁芋、多子芋、多头芋外，还有叶用芋、花用芋的栽培，如四川人头芋（魁芋）、云南滇芋1号（魁芋）、重庆绿秆芋（多子芋）、四川莲花芋（多头芋）、四川武隆叶菜芋（叶用芋）、云南元红弯根芋（叶用芋）、云南普洱红禾花芋（花用芋）等。

225 如何合理选择适宜的芋头品种?

首先，要根据当地的气候环境条件选择芋头品种。不同类型的芋头品种对气候条件的要求不同，应根据当地的气候条件，选择较适宜本地种植的品种。热带地区可选择魁芋品种，温带与冷凉地区可选择多子芋品种。其次，要根据水源及土壤状况选择芋头品种。水源充足，排灌方便，保水保湿的地方可选择水芋型品种或水旱兼用型品种；水源不足，排灌不便，但保水保湿性好的地方可选择旱芋型品种。再次，要根据人们食用喜好与市场需求类型选择符合要求的品种。最后是选择审定或新审定的高产品种和地方主栽品种。

226 鄂芋1号有何特征特性?

武汉市蔬菜科学研究所以走马羊红禾为亲本，通过单株选择法选育而成的芋头品种，2010年湖北省品种审定委员会审（认）定，品种审定编号为鄂审菜2010006。属早中熟白芽多子芋品种，生长势较强。株高100～130厘米，叶片长50～56厘米、宽39～45厘米，叶柄紫黑色，叶片绿色。子孙芋卵圆形，芋形整齐，棕毛少（图70）。单株母芋1个，子孙芋25个左右，单个子芋重50～70克，单个孙芋重32～42克，单株子孙芋重1.4千克左右，芋肉白色。经测定，干样淀粉含量59.2%，总糖含量7.43%，粗蛋白含量6.66%。耐旱性一般，忌连作。3月下旬至4月上旬播种，起垄栽培，每667平方米栽2 000～2 500株。7—9月采收嫩芋，老熟芋于10月中下旬至霜降前采收，一般每667平方米采收青禾子孙芋1 200千克左右，老熟子孙芋 2 300 千克左右。

图 70 鄂芋 1 号

227 鄂芋 2 号有何特征特性?

武汉市蔬菜科学研究所用井冈山芋头变异株经系统选择育成的芋头品种，2014 年通过湖北省品种审定委员会审（认）定，品种审定编号为鄂审菜 2014007。属晚熟红芽多子芋品种，生长势较强。株高 120 厘米左右，叶片长 55 厘米左右、宽 40 厘米左右，叶柄乌绿色，叶片绿色。芋芽淡红色，芋肉白色，子孙芋卵圆形，芋形整齐，棕毛少（图 71）。单株母芋 1 个，子芋 7 个左右，子芋平均重 80 克左右，孙芋 8 ～ 10 个，孙芋平均重 38 克左右，单株子孙芋重 900 克左右。经测定，干物质含量 21.08%，蛋白质含量 1.16%，淀粉含量 13.84%。耐旱性较强，忌连作。2 月下旬至 3 月上旬播种，小拱棚或大棚设施育苗，3 月下旬至 4 月上中旬定植，起垄栽培，每 667 平方米定植 2 500 ～ 3 000 株。11—12 月上中旬采收老熟芋，一般每 667 平方米产量 1 800 千克左右。

图 71 鄂芋 2 号

228 红芽芋有何特征特性?

红芽芋(图72)主要于广西、广东地区种植,全国其他地区也有栽种,南方较为普遍,中熟红芽多子芋品种。株高100～150厘米,叶柄绿色。茎缩短在地下膨大形成母芋,母芋周边着生7～8个子芋,子芋也可长出孙芋。子芋椭圆形卵状,较肥大,因芋芽鲜红而得名。生育期约150天。红芽芋肉质细软,香味浓郁,母芋也可食用,而子芋品质较佳。红芽芋适应性较强。3月底至4月上旬播种,起垄栽培,每667平方米种3 000株左右。9月中旬至10月中旬采收,一般每667平方米产量1 600千克左右。

图72 红芽芋

229 莱阳芋头有何特征特性?

莱阳芋头为山东省莱阳市农产品地理标志产品，其质量控制技术规范编号为AGI2010-09-00485。莱阳芋头(图73)一般种植的品种有三个:莱阳孤芋、莱阳分芋和莱阳花芋,均属多子芋类品种。叶柄均呈绿色,外张。孤芋的子芋椭圆形,个大,球茎节上的鳞毛褐色,子孙芋是构成产量的主要因素。分芋的子芋呈长筒形,个较小,鳞毛深褐色,一般可着生孙芋、曾孙芋。花芋介于两者之间,子芋的球茎节与节之间有一条淡色的环,似花纹,故称花芋。4月中旬至5月上旬播种,起垄栽培,每667平方米种2 500～3 000株,霜降前后收获。孤芋和花芋是莱阳的两个高产优质地方品种,其子孙芋占产量的85%～88%,平均每667平方米产量3 500～4 000千克。

图73 莱阳芋头

230 香梗芋有何特征特性?

香梗芋于江浙地区种植,上海效县也有少量栽培,属多子芋类品种。株高100厘米左右,叶柄绿色或黄绿色,叶片绿色,长50厘米左右、宽44厘米左右。其叶柄在未老尚嫩时,可与芋艿一起炒吃,味鲜可口,且有浓香味,因此得名"香梗芋"。产量以子芋为主,部分为孙芋。球茎为长椭圆形,顶芽暗红色,皮红色。球茎蛋白质含量1.5%左右,淀粉含量16%左右。香梗芋生长适应性较强,忌连作。催芽后于4月中旬播种定植,起垄栽培,每667平方米种3 000株左右。10月中下旬采收,一般每667平方米产量1 700千克左右。

231 荔浦芋头有何特征特性?

荔浦芋头为广西荔浦县地方品种,是广西壮族自治区地理标志产品,属魁芋类晚熟品种。株高150厘米左右,叶柄上部近叶片处紫红色,下部绿色,叶片长55厘米左右、宽50厘米左右。母芋纺锤形或圆柱形,节间隔较密集,表面整洁,皮色棕褐色,剖面为灰白色,有明显红色槟榔花纹,肉质结构紧密(图74);子孙芋5～8个,长棒槌形,头大尾细,尾部弯曲,芋芽淡红色。球茎蛋白质含量1.5%以上,总糖含量1%以上,直链淀粉含量1.5%以上,支链淀粉含量7%以上,氨基酸总量1%以上。催芽后于4月中下旬定植,单行种植每667平方米1 500～1 800株,双行种植每667平方米1 800～2 000株。霜降前后收获,一般每667平方米产量1 800千克左右。

图74 荔浦芋头

232 福建槟榔芋有何特征特性?

福建槟榔芋包括福鼎芋和竹根槟榔芋两种,属福建魁芋类地方品种。福鼎芋株高185厘米左右,叶片长100厘米左右、宽90厘米左右。母芋圆柱形,长30～

40 厘米，直径 12 ～ 15 厘米，外皮黄褐色，单个母芋重 3 千克左右，芋芽淡红色，肉乳白色带紫红色槟榔花纹，以食母芋为主，子芋较少较小，兼作种用。鲜芋淀粉含量 25%～ 26%，蛋白质含量 8.5%～ 9.1%，含水量 64%～ 66%。竹根槟榔芋节间长若竹根，母芋圆柱形，外皮深褐色，肉质疏松带紫色斑块，适于水田种植。球茎中淀粉含量 15%左右，蛋白质含量 1.5%左右。竹根槟榔芋忌连作。一般于 3 月上旬播种，作畦双行种植或起垄单行栽培，双行栽植可每 667 平方米种 1 300 ～ 1 500 株，单行栽植可每 667 平方米种 1 000 ～ 1 200 株。立冬前后采收，一般每 667 平方米产量 1 500 ～ 2 000 千克。

233 狗爪芋有何特征特性?

狗爪芋主产于广东地区，广西、福建等南方地区也有种植，属多头芋类晚熟品种。株高 80 ～ 90 厘米，叶柄短细、绿色，叶片阔卵形。母芋与子芋丛生(图 75)，子芋较多，球茎倒卵形，褐色，肉白色。单株产量 1.5 千克，肉质滑，味淡。淀粉含量 13%左右，蛋白质含量 1.4%左右。狗爪芋忌连作。于清明前后播种，作畦种植，一般每 667 平方米种 1 800 ～ 2 000 株。寒露后采收，一般每 667 平方米产量 2 000 ～ 3 000 千克。

图 75　狗爪芋

234 普洱红禾花芋有何特征特性?

云南普洱地方品种，滇南芋，属花用芋类品种。叶箭形，叶柄紫红色(图 76)，叶正面绿色，背面粉红色。主食用花柄与叶柄，叶柄肉质，上细下宽，呈鞘状。根系发达。母芋球形，子芋小而少。每花序可产生 3 ～ 4 根花茎，每株可抽生花序 5 ～ 9 根，花序肥嫩，紫红色。5—8 月可陆续采收花柄，一般每 667 平方米可产花柄 300 ～ 500 千克。

图 76　普洱红禾花芋

235 如何选择芋头种芋?

一是要优先选用适宜当地种植的高产、优质、抗病的芋头品种作种；二是要优先选用脱毒芋头种芋作种，若自行留种，应从无病或发病较轻的田块中选择具有本品种特性的健壮植株的母芋中部的子芋作种；三是要选择顶芽充实、芋短肩宽、头肥大、芋身饱满肥壮完整、无病虫害斑及机械损伤的整球茎为宜；四是选择种芋头整芋大小在 50 克左右的作种为宜。

236 芋头球茎休眠有何特点以及怎样打破种芋的休眠?

芋头球茎休眠是在球茎开始形成的同时发生的，收获后进入休眠期，通常休眠期的长短是按收获到幼芽萌发的天数计算的。保持温度 25℃左右，休眠期至少 1 ～ 3 个月，因品种而异。在 0 ～ 4℃条件下，球茎可以长期保持休眠状态。在长江流域和华北地区芋头可通过冬季贮藏自然度过休眠状态，而在我国南方地区，因为茬口安排而为了提早栽培，则须采取人工打破休眠的方法。生产上常用打破休眠的方法有两种：一是晒种。播种前一个月，将种芋摊开晾晒 3 ～ 5 天，使芋头球茎适度失水，从而增强其体内酶的活性及呼吸强度，打破休眠。二是药剂处理。播种前用 0.03%～ 0.05%的乙烯利溶液浸种 20 分钟，捞出将种芋成堆码放，再用塑料薄膜

密封15小时，从而打破休眠。

237 什么是芋头的切块繁殖？有何操作要点？

芋头种芋一般以子芋为种，但因种植面积扩大或种芋不足时，往往可将母芋也作种栽植。因母芋质粗、味劣而食味性不如子芋，但用其作种，其产品品质与用子孙芋作种效果一样，甚至产量更好。母芋个大，多头芋连成一块，在作种时为了获得更多的种芋，均须对其进行切块，将它切成多个繁殖种芋块的方法，叫切块繁殖。其操作要点为：对多子芋类的母芋作种的，掰除母芋上的子芋，除去毛须、泥土等杂物，于播种前晒种1～2天，然后根据母芋大小，将其切成3～5块不等，每块大小以30～50克为宜；先将薄刀用酒精或石灰水等消毒处理后，从母芋顶芽中心纵切成块，每个切块保留1～2个芽眼；将切块浸入稀释2 000倍的高锰酸钾溶液5～10分钟或稀释500倍的多菌灵溶液30分钟，捞出后晾晒干即可播种，切块的切面也可用草木灰粉衣处理晾晒干后播种。多头芋因子母芋连成一块，作种时也须切块，切块时每个切块上须保留1～2个充实饱满的芽眼，每个切块以60～80克为宜，其切块处理与上述多子芋切块方法相同。

238 什么是芋头的脱毒繁育？

芋头为无性繁殖植物，一般用其块茎进行繁育。通常是选用无腐烂、无损伤、无病虫害、顶芽充实、健康饱满的子芋或母芋切块作种芋。但芋头在长期无性繁殖过程中受各种病害和病毒侵染，通过无性繁殖的逐年积累，病情会逐年加重，从而逐渐导致种性退化、品质变劣与产量下降。目前，生产上还没有根治病毒病的良药，因而，为了芋头产业化的可持续发展，必须开展有效的脱毒繁殖工作，从源头上切断病毒的发生。用脱毒芋作种，不仅可大幅提高产量，还可节约种繁用地以及解决种芋安全越冬等难题。芋头的脱毒繁育就是指通过剥取不含病毒的芋尖分生组织进行无菌培养来获得脱毒芋苗或脱毒试管芋（脱毒原原种），通过脱毒芋苗获得脱毒原原种（微型块茎），再通过脱毒芋原原种进一步生产脱毒芋原种（生产用种）的一整套繁育方法。

239 芋头良种繁育体系是怎样的？

芋头良种一般是由科研育种单位经过选育或引进优良品种经试验筛选后得到的品种，这些优良品种在进行大面积生产应用推广前，必须经过种芋繁育扩大生产用种量后才能真正得到推广应用。其繁育体系一般包括以下几个方面：一是工厂化种苗组织培养快速繁育体系，培养健康优质脱毒芋苗（或试管芋）；二是脱毒芋原原种繁育技术体系，主要是在较为严格和精细条件繁育原原种芋；三是脱毒芋原种

（生产用种）繁育技术体系，主要是在具有一定技术条件要求的大田环境下扩繁生产用种，按具体的繁育技术规程执行。

240 如何进行芋头良种繁育？

这里主要介绍生产用种的繁育方法，主要技术方法如下：

（1）品种选择。优先选用适宜当地种植的优质、高产、抗病的审定品种或地方主栽品种。

（2）大田准备。选择轮作3年以上、地势平坦、土层深厚、有机质丰富、疏松肥沃、通透性好、保水保肥、水源充足、排灌方便、pH值为5.5～7.0的田块作为繁殖田，翻耕25～30厘米，每667平方米施腐熟有机肥2 000～2 500千克或有机菌肥300～400千克、复合肥50千克、硫酸钾20～30千克，耕平耙细，起垄。

（3）种苗准备。选用顶芽充实、芋身饱满肥壮、大小一致、无病无伤、重30～50克的原原种作种芋。3月上中旬按设施蔬菜育苗技术要求进行育苗，播种株距15～20厘米，行距15～20厘米，播后覆细土盖住顶芽。苗床保持湿润，白天通风夜晚密闭，保持育苗温度在20℃左右。

（4）大田定植。于4月上中旬选用1～2片叶的幼苗移栽。起垄单行种植时，垄高25～30厘米，行距（带沟）80～90厘米，株距30～40厘米；宽窄行双行起垄栽植时，宽行80～90厘米，窄行25～30厘米，株距30～40厘米。

（5）大田管理。

肥水管理。定植时浇足定根水，生长过程中保持土壤湿润，7—8月垄沟内可保持水深3～5厘米，采收前20天停止灌水。第一次追肥于5月下旬至6月上旬进行，每667平方米追施尿素15千克；第二次追肥于6月下旬至7月上旬进行，每667平方米追施复合肥25千克及硫酸钾15千克，并培土，保持垄高。

病虫害防治。重点防治芋软腐病、芋疫病、芋污斑病、斜纹夜蛾、朱砂叶螨等。具体防治方法为：每667平方米用20%噻菌铜悬浮剂600～800倍稀释液或50%氯溴异氰尿酸可溶粉剂1 000～1 200倍稀释液或80%代森锰锌可湿性粉剂350～500倍稀释液或250克/升的嘧菌酯1 000～2 000倍稀释液或50%多菌灵可湿性粉剂750～1 000倍稀释液进行喷雾防治芋病害，用200克/升的氯虫苯甲酰胺悬浮剂6 000～12 000倍稀释液或10%溴氰虫酰胺悬浮剂4 000～6 000倍稀释液或10%吡虫啉可湿性粉剂4 000～6 000倍稀释液或25%噻嗪酮可湿性粉剂170～240倍稀释液喷雾防治芋虫害。

采收贮藏。植株茎叶发黄或枯萎时采收或于霜降前后收挖球茎，晾晒1～2天后，在避风避雨、通风干燥处堆码。堆码高度不宜高于150厘米，顶部覆盖稻草等秸秆，再盖塑料薄膜。翌年2—3月，每15～20天揭膜通风一次。

241 芋头无公害栽培对选地及环境有何要求?

产地环境应符合无公害食品蔬菜产地环境条件和无公害食品产地环境评价准则的规定。选择远离各种工农业污染源、生态条件良好、土层深厚、疏松肥沃、有机质丰富、保水保肥、排灌方便、pH 值中性或弱酸性、不带有害病菌病毒的具有可持续生产能力的农业产区。生产全过程施用腐熟的有机肥和不含有重金属和有害微生物等污染物的合规的化学肥料，禁施高毒、高残留或不符合无公害规定范围内的农药，施用高效低毒低残效化学农药等。

242 如何确定芋头的播种时期?

芋头原产高温多湿的热带沼泽地区，喜高温湿润的环境条件。其最低萌发温度为 10℃，适宜发芽的温度为 12 ～ 15℃，适宜的生长温度为 25 ～ 30℃，最高温不宜超过 30℃。因而其播种时间因品种生育期长短、所栽培地区的气候环境条件以及栽培方式不同而不同，一般其播种期在 1—5 月。早熟品种或生育期较短的品种可适当晚播，晚熟品种或生育期较长的品种可适当早播，并结合棚栽育苗催芽或覆地膜栽培等措施。华南、华中地区因全年积温高、无霜期长，可以早播多茬；华北及北方地区因积温低、无霜期短，一般播期要迟，在 4—5 月，可安排春茬与夏茬，春茬在 4 月上中旬定植，夏茬在 5 月上中旬定植。

243 旱地栽培芋头整地施肥有何技术要求?

冬前深耕冻土，定植前一星期，再翻耕一次，按每 667 平方米施腐熟的有机肥 2 000 ～ 2 500 千克、45%的复合肥 50 千克、硫酸钾 20 ～ 30 千克，并耕平耙细。起垄作畦，开好播种或定植沟，双行或单行种植，行距 80 厘米左右，双行种植畦面宽保持 80 厘米，可在畦的两边各栽植一行，株距保持 30 厘米左右；单行种植畦面收窄做成垄形，行距保持 70 ～ 80 厘米即可，垄高保持 25 ～ 30 厘米。播种后将畦面或垄面抚平，覆土深度以覆盖芋芽 2 厘米为宜。生长中期进行追肥，一般追肥 3 次，每次追肥结合中耕除草，之后培土，保持垄形垄高。

244 如何进行芋头种芋催芽?

芋头可以直播，也可播前提前催芽或育苗移栽。种芋催芽前，先准备好保温苗床（包括设施可加温苗床或露地向阳背风小拱棚覆膜苗床等），苗床上先铺一层与种芋长度相当厚度的细土，再将种芋以 10 厘米见方排放播种，播种完后再以细土或湿沙铺盖种芋，铺盖厚度 2 厘米左右，然后喷淋温水，保持土层湿润，盖上塑料薄膜，保持苗床温度在 20℃左右，白天温度过高注意揭膜通风，晚上闭膜保温。约半个月后，芋芽长出 1 厘米，根长出 2 ～ 3 厘米时即可播种。

245 芋头旱地种植如何进行育苗定植?

旱地种植的芋头在育苗移栽前，应提前 20 ～ 30 天进行育苗，育苗方法同催芽方法，不同之处是，育苗移栽要等到种芋芋苗长出 2 ～ 3 片真叶，株高 15 ～ 20 厘米时，才从苗床中移出到大田定植。定植时，大田 5 厘米以上地温要稳定在 12℃以上或连续 5 天气温稳定在 15℃以上时进行芋苗移栽。移栽时可选择阴天或晴天的傍晚前进行，移栽后要浇透定根水，第二天再复浇一次，活棵后田间土壤保持温润。

246 旱地育苗移栽较直播有哪些优点?

旱地育苗移栽较直播有三方面优点：一是育苗移栽，可以保证播种后芋头全苗齐苗，苗壮；二是可以保证播种后芋头出苗生长整齐一致，而避免直播后会因出苗先后不一，导致田间生长不整齐或缺苗；三是育苗移栽可以提前打破种芋的生理休眠，移栽大田后就直接进入快速生长阶段，避免了直播后种芋出苗时间长以及内部营养消耗大，从而相对延长了芋头的生长期，既可增强芋头植株的抗性，又可大幅提高其产量。

247 芋头旱地种植方式有哪些?

芋头旱地种植方式一般有露地栽培、覆膜栽培以及设施栽培三种。露地栽培又包括平地栽培和起垄栽培。覆膜栽培可以作畦后厢面覆膜，也可起垄后垄面覆膜，先种植芋头后再覆地膜。设施栽培指在温室或大棚中种植，由于温室或大棚中保温效果好，一般可将播种期提前。

248 芋头覆地膜栽培有何好处?

芋头覆地膜栽培有四大好处：一是提高土壤温度。覆盖地膜一般可提高土壤地表温度 1 ～ 6℃，对春季低温播种的作物可起到促进提早萌发和生长的作用，一般可比露地栽培的芋头生长期延长一周，从而增加芋头的产量。二是保墒作用。地膜的气密性强，地膜覆盖后能显著地减少土壤水分蒸发，使土壤湿度稳定，并能长期保持湿润，有利于芋头根系生长。在较干旱的情况下，0 ～ 25 厘米深的土层中土壤含水量一般比露地可高 50%以上，有利于芋头的健康生长。三是保肥作用。由于覆膜后土表温湿度环境好，也可增强土壤中微生物的增殖，加速腐殖质转化成无机盐的速度，改善土壤结构和肥力，有利于芋头根系对养分的吸收利用。四是抑制杂草生长，减轻病害发生。覆盖地膜可以有效减少杂草 1/3 的生长量以及雨水对垄体的冲刷而导致的土壤板结与肥水流失等，地膜的反光还可驱避蚜虫等部分害虫，减轻病害的传播等。

249 芋头旱地种植应如何加强田间管理？

(1)水分管理。生长期间保持土壤湿润，生长盛期与球茎膨大期需水量大，气温高，要保证充足灌水，使垄(畦)沟内充满水，水面距畦面 10 厘米；生长后期，适当少浇水，保持土壤不干为度。遇高温干旱天气应增加浇水量或在傍晚利用畦沟灌水，若遇连续阴雨，也应及时排水降渍。

(2)追肥与中耕培土。追肥与中耕培土相结合，每次追肥都应进行中耕培土，一般追肥 3 次。第一次在芋第一片叶展开时，追一次提苗肥，每 667 平方米浇施腐熟的稀薄人粪尿及尿素 10 ～ 15 千克；第二次在芋长出 3 ～ 4 片叶、株高 50 厘米时，追一次发棵肥，结合中耕重施追肥，每 667 平方米施 45%的复合肥 15 ～ 25 千克、腐熟农家肥 3 000 千克或饼肥 50 千克，促进子芋、孙芋发育膨大；第三次在封行前追一次结芋肥，结合中耕培土，施 45%的复合肥 15 ～ 25 千克、硫酸钾 5 ～ 10 千克。在幼苗期结束以后，及时培土压顶。结合中耕培土，根据单株和群体叶面积分布密度及季节，尽早把多余的侧芽摘除，以免消耗养分和影响子芋生长。

(3)病虫害防治。芋头的病虫害主要有芋软腐病、芋疫病、芋污斑病、斜纹夜蛾、朱砂叶螨等，高温高湿的天气易发生病害。除实行轮作、选用无病品种、减少叶片损伤、降低田间湿度等措施外，还可在发病时用噻菌铜、多菌灵、百菌清、代森锰锌、疫霉灵等杀菌剂防治。虫害发生时可用吡虫啉、氯虫苯甲酰胺、氧化乐果等杀虫剂进行喷雾防治。

(4)适时采收。芋头不耐霜冻，在霜降前后，当芋叶发黄衰败，即可收获。可于晴天整株挖起，晾干表面水分，除去残须根，出售或收入室内或贮藏窖进行贮藏。

250 水田种植芋头应如何整地施肥？

栽培前，进行深耕翻土 2 ～ 3 次，耕深土层 25 厘米左右，然后按每 667 平方米施入腐熟的农家肥 2 000 ～ 2 500 千克、复合肥 50 千克、硫酸钾 25 千克，施后耙均耙细整平，最后田中灌水，保持大田 5 厘米左右的水层以备移栽定植。

251 芋头水田种植育苗定植有何技术要求？

水田种植芋头须先育苗，育苗方法与旱芋头类似，待种芋长出 1 ～ 2 片真叶时即可移栽定植。栽植时，按一定株行距进行栽植，将芋苗直接插入泥中 3 厘米，使芋苗稳定泥中不漂浮起来，栽后抹平泥土，每 667 平方米栽植 3 000 株左右。

252 芋头水田种植应如何加强田间管理？

主要是加强田间肥水管理与中耕培土，并适时采收。芋苗定植 10 天活棵后，放干田中的水进行晒田，同时将田中杂草踩入泥中，烤田 1 ～ 2 天，待田土有细丝裂缝即可。晒田之后进行一次追肥，每 667 平方米施入腐熟的稀人粪尿 1 000 千克及尿素 8 千克，然后灌水，保持水层 3 ～ 6 厘米，随着植株的生长，可适当增加水层。15 ～ 20 天后，放干田水，进行第二次追肥，每 667 平方米施入腐熟的稀人粪尿或复合肥 50 千克，并进行培土，然后再灌水，并保持水层 5 ～ 6 厘米。再过 15 ～ 20 天，芋头封行前，放干田水进行第三次追肥，沿栽培行，每 667 平方米施入腐熟的稀人粪尿 2 000 千克左右、硫酸钾 25 千克左右，结合中耕培土并及时切除多余的侧芽后灌水，若作种芋留种的植株则不必除侧芽。在 7—8 月高温季节逐渐增加水层，保持 15 厘米左右，以降低地温，促进球茎发育膨大。8 月之后随着气温降低，可逐渐降低水层至 3 厘米左右，收获前 20 天断水，保持田间湿润即可。霜降前后，芋叶发黄凋萎，表明芋头球茎已经成熟，此时可选择晴天及时收挖。

253 什么是芋头的水旱两段式栽培？

在广东、广西及海南等地区，芋头的栽培，有采取前期水栽、中后期旱栽的方法，此种栽培方式叫两段式栽培。具体做法：3—4 月育苗移栽定植后，按水芋栽培方式进行浅水管理；5 月底后结合追肥与中耕培土并起畦，然后按旱芋中后期的田间管理进行，直至成熟收获。前期采取水芋栽培，有利于控制田间杂草生长，减少害虫的危害，降低了生产成本；中后期按旱芋栽培，植株也进入了旺长期，有利于提高土壤温度和通透性，可以促进植株及球茎生长发育，从而获得优质高产。

254 芋头的种植模式有哪些？

芋头的种植模式主要有两种，一种是芋头与各种蔬菜、粮油等作物间作套种或轮作。①芋头—辣椒套种模式：广东、海南等地 11 月中旬选用早熟辣椒品种保温育苗，翌年 1 月上旬芋头育苗。早春整地起畦，畦两边种芋头，2 月底 3 月初定植，中间种 2 行辣椒，盖上地膜。辣椒 5 月上市，芋头 9—10 月收获。②草莓—玉米—芋头套种模式：江苏地区于 10 月下旬移栽草莓，每畦中间定植 2 行，翌年 1 月中下旬覆盖地膜，3 月下旬在草莓行间打孔播种 1 行春玉米，4 月上旬在垄沟两边各播种 1 行芋头。草莓 4 月中下旬陆续采收上市，7 月收鲜食玉米或 8 月收籽粒玉米，9 月收获芋头。③芋头—红菜薹轮作模式：湖北武汉地区于 3 月栽种定植多子芋白荷芋头，8 月中旬至 9 月上旬采收；红菜薹早熟品种 7 月中下旬播种育苗，中晚熟品种 8 月上旬播种育苗，芋头收获后即移栽红菜薹，红菜薹花蕾开放前后采摘上市。④马铃薯—芋头—莴笋轮作模式：河北地区于 12 月上旬采用地膜栽培马铃薯，4 月底 5 月初收获，翌年 3 月中旬芋头保温育苗，5 月上旬定植，8 月中旬芋头收获后，带土移栽莴笋苗，到 10 月中旬莴笋上市。另一种是芋头单种模式。单作模式有旱田单

作、水田单作及水旱两段式栽培等。

255 为什么芋头种植要轮作换茬？有什么好处？

芋头种植忌连作，连作会导致病原物累积，病虫害增多和高发，造成腐烂严重；连作也会导致土壤养分失衡，理化性状变差，肥力下降，有毒物质积累，有机质分解缓慢，影响芋头生长发育，降低其抗病力，造成品质下降、产量降低。据研究，连作2～3年，芋头产量会下降30%～50%，而实行间作、水旱轮作等模式，可减少病虫害发生率，大幅提高芋头产量，增加种植效益。

256 芋头种植中有哪些主要病虫害？

芋头种植中常发生的主要病害有芋软腐病、芋疫病、芋病毒病、芋污斑病等，主要虫害有斜纹夜蛾、芋蚜虫、红蜘蛛、烟粉虱、芋单线天蛾、芋蝗、地老虎、蛴螬、蝼蛄、金针虫等。

257 如何识别与防治芋软腐病？

芋软腐病又称芋腐败病、芋腐烂病，属细菌性病害，通常在种芋及其植株残体或其他寄主病残体内越冬，主要危害芋头叶柄基部与地下球茎（图77）。叶柄受害后出现水渍状暗绿色病斑，无明显边缘，继而扩展后变褐腐烂或叶片发黄折伏；球茎染病后会逐渐腐烂，最终导致全株枯死，病部散发出恶臭。主要防治方法：采取轮作，选择不带病的抗病品种，施用腐熟有机肥。发病时及时排水晒田，并在病部喷施1%的波尔多液或72%农用硫酸链霉素3 000倍稀释液＋75%百菌清可湿性粉剂800倍稀释液混合液等药剂。

图77　芋软腐病

258 如何识别与防治芋疫病？

芋疫病又称疫瘟，属真菌性芋霉菌病害，以菌丝在种芋球茎或病残体上越冬，主要危害芋头叶片，也危害叶柄及球茎（图 78）。危害初期叶片上产生褐色或黄褐色圆斑，后扩大融合成圆形或不规则大型轮纹状病斑，周围常有暗绿色或黄绿色水浸状晕环。湿度大时病斑面可见一层稀疏的白色霉状物和米粒状的黄色或浅黄色液滴，病部后期干枯破裂穿孔，仅残留叶脉，呈破伞状。叶柄染病后病斑长椭圆形或不规则形，暗褐色，边缘不明显，表面有稀疏的白色霉状物。球茎染病后组织变褐，严重时腐烂。主要防治方法：采取轮作，选择不带病的抗病品种，合理密植与肥水管理，施用腐熟有机肥，增施磷钾肥。发病初期用 70%甲基托布津可湿性粉剂 500 ～ 1 000 倍稀释液或 70%乙膦锰锌可湿性粉剂 600 倍稀释液或 75%百菌清可湿性粉剂 800 倍稀释液或 25%甲霜灵可湿性粉剂 600 倍稀释液对芋茎、叶均匀喷雾，每 10 天喷一次，连喷 2 ～ 3 次。

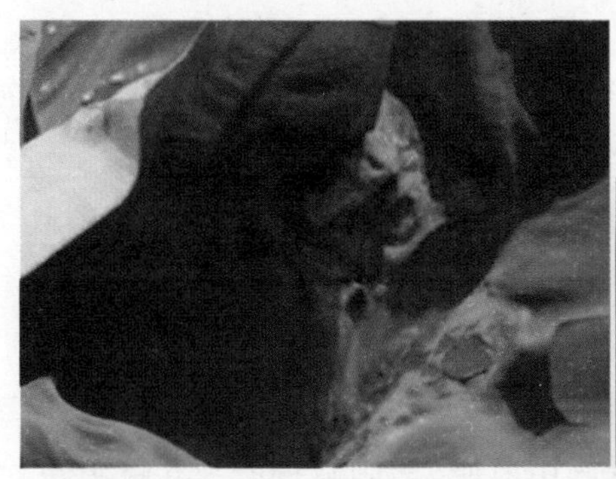
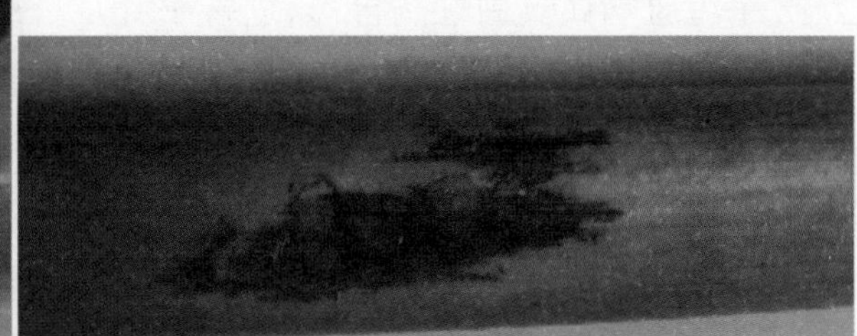

图 78　芋疫病

259 如何识别与防治芋病毒病？

芋病毒有近 10 种，其中主要病毒为芋花叶病毒，主要危害芋叶片（图 79）。植株染病后叶片沿叶脉出现褪绿色黄色斑点，进而扩展为黄绿相间的花叶，新生叶片还常出现羽毛状斑纹，叶片卷曲畸形，严重时植株矮化，维管束呈淡褐色，分蘖减少，球茎退化变小。主要防治方法：选用脱毒抗病毒品种，及时清理田间感染病毒的球茎和植株。药剂重点防治芋蚜发生，阻断芋病毒传播途径，可用 10%吡虫啉可湿性粉剂 2 000 倍稀释液或 1.8%阿维菌素 3 000 倍稀释液或 50%抗蚜威可湿性粉剂 2 500 倍稀释液等喷雾杀灭蚜虫。病毒病发病初期，可用 30%毒氟磷可湿性粉剂 500 倍稀释液或 2.5%植病灵可湿性粉剂 1 000 倍稀释液喷雾，每隔 10 天一次，连续喷 2 ～ 3 次。

图 79　芋病毒病

260 如何识别与防治芋污斑病?

芋污斑病属真菌性病害,只危害芋叶片(图 80)。常从下部老熟叶片始发,逐步向上发展蔓延至新叶。叶片染病初期,出现大小不等的绿褐色圆形或不定形病斑,后呈淡黄色,渐变为淡褐色至暗褐色,边缘不明显,病部背部色泽较浅。潮湿时病斑上出现黑色霉层。发病严重时,病叶很快就变黄枯萎死亡。主要防治方法:采取轮作,选择抗病品种,清洁田园,将植株病残体清除出田块焚毁,大田播种前翻耕时撒施生石灰消毒杀菌,合理密植与施肥,不过量施用氮肥,增施磷钾肥。发病初期,可用 70%甲基硫菌灵可湿性粉剂 1 000 倍稀释液或 40%三唑酮多菌灵可湿性粉剂 1 000 倍稀释液或 80%代森锰锌可湿性粉剂 600 倍稀释液或 75%百菌清可湿性粉剂 600 倍稀释液喷雾,每 7 ～ 10 天喷一次,连喷 3 次。

图 80　芋污斑病

261 如何识别与防治芋干腐病?

芋干腐病又称枯萎病，属真菌性病害，主要危害芋球茎。通常母芋与子芋发病多，孙芋较少发生。发病后，植株生长发育不良，根系细弱，根数少，植株叶片薄、面积小，生长慢，呈黄绿色，老叶迅速黄化，发病严重时，植株提早干枯倒伏(图 81)。受害球茎呈粉质状，伤口呈淡红色至紫红色。主要防治方法：采取轮作，选择抗病品种或无病种芋，种芋播种前进行药剂浸种处理，可用 50%多菌灵可湿粉剂 500 倍稀释液浸种 30 分钟，捞出晾干后播种，种前大田施用生石灰，高畦或高垄种植，施用腐熟的农家肥等。

图 81　芋干腐病

262 如何识别与防治芋炭疽病?

芋炭疽病属真菌性病害，病菌以菌丝体、分生孢子盘及分生孢子随芋病残体在土壤中越冬，主要危害芋叶片(图 82)，严重时也危害球茎和叶柄。多从下部老叶开始发病，常于叶尖或叶缘始发，逐渐向内扩展。连绵阴雨或雾大露重的天气易发病，偏施氮肥或排水不良地块发病较重。初期在叶片边缘产生水渍状暗绿色病斑，以后逐渐变为近圆形、黄褐色至暗褐色病斑，四周具黄色晕环。湿度大时，病斑上面出现黑色小点或朱红色小液点，为病原菌分生孢子；干燥时，病斑干缩呈羊皮纸状，易破裂或部分脱落成叶片穿孔，严重时大部分叶或全叶干枯。球茎染病后产生圆形病斑，似漏斗状深入肉质茎内部，病部黄褐色，无臭味。主要防治方法：采取水旱轮作，选择抗病品种或无病种芋，种芋播种前进行药剂浸种处理，可用 50%多菌灵可湿粉剂 100 倍稀释液浸种 30 分钟，捞出晾干后播种，种前大田施用生石灰消毒杀菌，高畦或高垄种植，合理密植，施用腐熟的农家肥，控制氮肥用量，增施磷钾肥以及及时清除田间病株。发病初期可用 77%可杀得可湿粉剂 2 000 倍稀释液或 75%百菌清可湿性粉剂 600 倍稀释液或 80%代森锰锌可湿性粉剂 500 倍稀释液或 30%氧氯化铜悬浮剂＋ 75%百菌清 800 倍稀释液等比例混合液等进行喷雾，药剂

轮换使用，每 7 ～ 10 天喷一次，连喷 2 ～ 3 次。

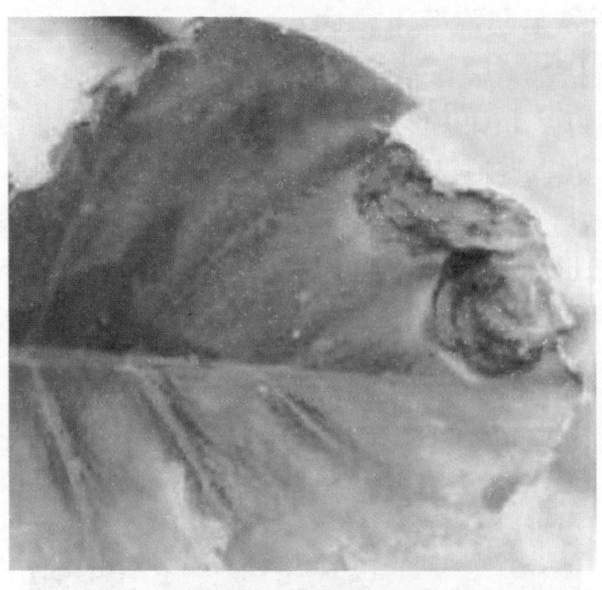

图 82　芋炭疽病

263 如何识别与防治芋细菌性斑点病?

芋细菌性斑点病主要危害叶片，叶斑细而多，圆形或近圆形，染病之初病斑呈水渍状，后转黄褐色至灰褐色，外围有黄色晕圈，多个病斑可合并为淡褐色小斑块，病征一般不明显，潮湿时触之有质黏感，后期病斑中间变为灰白色，易穿孔，四周黑褐色(图 83)。病菌借助雨水溅射而传播，雨水多的年份发病重。主要防治方法：采取轮作，选用抗病品种或无病种芋，冬季深耕冻土，高畦或高垄种植，合理密植，科学施肥，避免偏施氮肥。发病初期，可用 20%噻菌铜悬浮剂 500 倍稀释液或 30%氧氯化铜悬浮剂 600 倍稀释液或 72%农用硫酸链霉素 3 000 倍稀释液＋ 75%百菌清可湿性粉剂 800 倍稀释液混合液喷雾，药剂轮换使用，每 7 ～ 10 天喷一次，连喷 2 ～ 3 次。

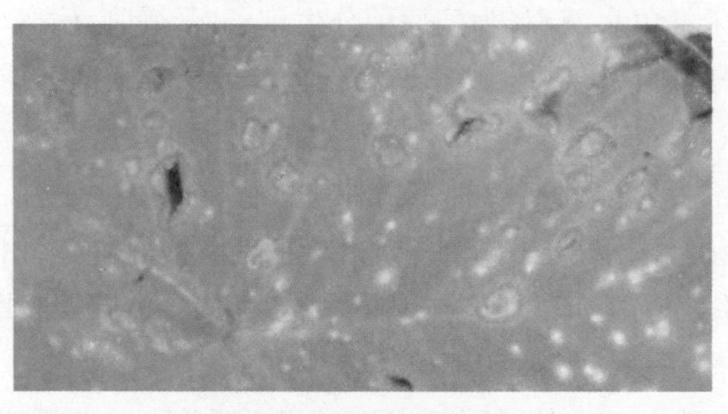

图 83　芋细菌性斑点病

264 如何综合防治芋头地上地下害虫？

芋头常见地上害虫有斜纹夜蛾、芋蚜虫、芋单线天蛾、红蜘蛛、烟粉虱、芋蝗等，地下害虫有地老虎、蛴螬、蝼蛄、金针虫等。主要防治方法如下：

(1)农业防治。首先是合理进行水旱轮作，可有效杀灭地下多种害虫；其次是芋头收获后冬季进行深耕冻土，可冻死多数害虫虫卵，降低虫口基数；再次是精选种芋，选择健康、无虫害的种芋作种；最后是合理施肥，施用腐熟的厩肥，控制氮肥施用量，增施磷钾肥。

(2)物理防治。在地上害虫成虫盛发期利用频振式杀虫灯或黑光灯、糖醋液、性信息素等诱杀成虫；在芋大田埂边种植各种害虫寄主植物，分散害虫危害与集中清除害虫；在虫害轻的田块可人工捕杀幼虫；生长期间田间悬挂黄板，诱杀有翅蚜、烟粉虱，减少害虫发生量。

(3)生物防治。于地上害虫幼虫孵化盛期，可用 Bt 等生物药剂喷雾杀灭害虫，也可利用害虫的天敌等进行防治。

(4)化学防治。在开沟播种芋头时，按每 667 平方米 3 ～ 4 千克沿种植沟均匀撒施 3%甲拌磷颗粒剂或 60%吡虫啉悬浮种衣剂 300 倍稀释液拌种防治地下害虫。在植株生长中期，各种害虫危害初盛期，用 90%晶体敌百虫 800 ～ 1 000 倍稀释液或 2%甲维盐乳油 1 000 倍稀释液或 5%啶虫脒微乳剂 2 000 倍稀释液等喷雾，每隔 7 ～ 10 天喷一次，连续喷 3 ～ 4 次，必要时还可灌蔸。

265 芋头留种应注意哪些问题？

作种的留种田，在采收前应及时除去杂株、病株及劣株，保留和选择长势健壮、具有本品种典型特征特性、整齐一致的植株，待芋叶正常发黄凋萎、根系收缩枯萎、球茎完全成熟时选晴天及时采收。采收时将芋头整株挖起，将母芋、子芋分开，并将子芋分级，选取顶芽充实、芋身健壮饱满、50 克左右、大小相对一致的子芋留种，淘汰过小、没有成熟的子芋。将留种的种芋晾晒 1 ～ 2 天后，进行贮藏。

266 芋头的贮藏方法有哪些？各有何技术特点？

(1)窖藏。选地势高燥、排水良好、避风向阳的地方挖窖。芋头采收前挖好窖，晾晒 3 ～ 5 天，使窖壁干燥。窖深 1 米左右，宽 1.5 米左右，长度视芋头多少而定，一般为 2 ～ 3 米，每窖可贮藏 1 500 ～ 2 000 千克。种芋立冬前后入窖贮藏。入窖前，先在窖内撒些硫黄粉或用高锰酸钾与福尔马林混合液密闭熏蒸或用柴草烧一次消毒。入窖时，窖底和四周用干燥的稻草或秸秆垫好，随后将芋头放入窖内，堆至高 30 厘米左右，顶上呈弧形，上面盖一层 10 厘米左右的稻草或麦秆，随后盖土

45～50厘米，并拍打紧实，呈馒头形。同时在窖的四周挖排水沟，以利排水。窖藏后经常检查盖土有无裂缝、鼠洞等，雨天还要检查是否漏水，做到窖的四周无积水。对于留种的种芋，不能像其他的芋头一样随时开窖取出，而是要到翌年3—4月才能开窖取出。因种芋贮藏时间长，贮藏过程中更要注意检查，必要时还要在晴暖天气的中午开窖检查，以防腐烂。

(2)室内架藏和挂藏。

室内架藏。选择朝南向阳较暖和的房间，用木料或竹藤做成贮藏架，由下至上分若干层，每层间距为30～50厘米，最下层不放种芋，每层先铺放一层干草，然后再铺放2～3排种芋，厚度以25厘米左右为宜，对于较小种芋可适当增加堆放厚度。贮藏期间，经常保持通风换气，温度控制在6～12℃，相对湿度保持在80%～85%，时常查看，及时清除病芋，同时防老鼠危害。

室内挂藏。种芋经分级晒种后，用网袋装好或用箩筐和塑料筐盛装或用草绳捆绑带植株的种芋成团，挂藏于室内，也可将用箩筐和塑料筐盛装的种芋成行堆叠放于室内，贮藏期注意室内通风保温。

(3)室外堆藏。选择背风向阳、地势高处做一个圆形堆基，堆基大小根据贮藏量而定。先在堆基上垫一层厚度为10～15厘米的沙土，拍平压实，再铺放15～25厘米厚的干麦秸。堆基中心插一个碗口粗的高粱秆把作换气筒，围着高粱秆把堆放种芋，一般大堆2 500千克、小堆250千克。种芋堆好后，在堆的外面先撒上3厘米厚的沙土，再从下到上铺一层20～35厘米厚的麦秸，然后在麦秸上铺一层稻草，再用麦秸搅拌成的湿泥由下而上糊严，待泥干后再糊第二次，如果泥堆仍有裂缝还应再糊一次，直到严实为止。

(4)宿地贮藏。在冬季气候温暖无霜冻或霜冻轻微的长江以南地区，可采取宿地贮藏。方法是待芋头完全成熟之后不挖收，而是及时清除田间残枝败叶，清理垄沟或畦沟，并对种植垄(行)进行培土，使垄面覆盖10～15厘米厚泥土，疏通留种田四周排水沟，有条件的还可在垄面或畦面覆一层地膜保暖。

267 芋头有哪些经典的吃法?

芋头深受人们喜爱，在日常饮食中，最经典的吃法有清蒸、煲汤、炖煮或做成甜点等四种吃法。清蒸芋头营养丰富，消化率可达98.8%。清蒸的芋头特别适合有健脾养胃需求或消化不好的人食用，蘸点糖吃是非常不错的选择。芋头煲汤味香肉软，汤汁绵浓，很适合老人和小孩食用。煲汤时间长，可以使芋头中独特的黏液蛋白为人体更好地吸收，这种特殊物质可以起到降低血压和胆固醇的作用。炖煮芋头可吸收其他食物的汤汁，使汤汁更香浓，可以起到营养素互补的作用。芋头做甜品，因其淀粉颗粒小，好消化，且热量也不高，比同等重量的甘薯都低，既好吃，又不发胖。

268 如何防止刮芋头手痒?

有些人刮完芋头后会引起手部皮肤发痒，这是因为芋头里有一种叫皂角苷的物质，对皮肤有刺激作用，同时，芋头表面有大量纤毛，在刮刨过程中也会断裂成短小纤毛，钻入皮肤，引起发痒。防止手痒方法有很多，如可在刮芋头时将芋头表面浸湿，或者把芋头蒸煮熟，熟后再剥皮。如发生手痒，可把手放近火旁烤热片刻，手上黏着的皂角苷遇热即被破坏，纤毛干燥脱落，或将发痒的手抹上醋酸或酒精或风油精，可以中和皂角苷，同时促使纤毛软化失去刺激作用，起到止痒效果。

269 如何简易自制芋头冰霜?

选用糯性芋头品种的子芋头，洗净泥沙和毛须后，去掉表皮和芽眼，浸泡在清水中。切成宽 3 ～ 5 毫米的薄片后，立即浸泡在 10%的白糖溶液中。在夹层锅或高压锅中蒸煮(压力 0.1 兆帕、120℃)20 分钟。蒸好后趁热打浆，加入事先配制好的稳定剂，混合均匀后杀菌，80℃下杀菌 10 ～ 15 分钟。杀菌后迅速冷却至 4℃，并保持此温度一定时间。在−24℃速冻 30 分钟，剧烈搅拌，形成大量细小的冰霜。再置于−18℃以下低温冷冻一定时间，充分冷透，但不凝结，即可食用。产品在−18℃的环境下冷藏。

270 速冻芋头的加工工艺及操作要点是什么?

(1) 工艺流程。选择原料→清洗→去皮→分级→磨圆→漂烫→冷却→沥水→速冻→挂冰衣→包装。

(2)操作要点。①选择优良糯性子芋头，直径在 2.5 厘米以上。②用清水冲洗芋头，不能损伤芋头，将芋头表面的泥沙洗净，用去皮机去掉表皮和芽眼。③根据芋头净重分级，可分为 5 ～ 8 克、9 ～ 12 克、13 ～ 19 克、20 ～ 31 克、31 克以上五个等级，较大的切块，较小的直接速冻。④剔除黄斑和形状不良的芋头后磨圆。⑤漂烫温度控制在 98 ± 2℃的范围内，时间 5 ～ 10 分钟。漂烫过程要注意保持温度稳定，漂烫后要立即取出用冷水冷却，冷却到 5 ～ 10℃，然后将原料表面水沥掉。⑥选用单冻机冻结，然后再入−40℃速冻库速冻。⑦挂冰衣要选用安全纯净的生产用水，一般选用 0 ～ 2℃的冰水挂冰衣，不能出现冰块和结块芋头。⑧装袋封口要严格按照要求标准进行。注意封口严实、平整、美观，然后装箱入库贮存，低温控制在−18℃以下，保持温度的稳定。

271 芋头在食品加工上有何利用价值?

芋头的球茎和叶柄,在食品加工上均可得到利用,可加工成各种食品。芋头球茎一般作为速冻鲜销蔬菜出口,如以保鲜芋头和速冻子芋的方式出口。同时其球茎还可加工成芋头粉、芋头面包或蛋糕、油炸脆片、浊汁饮料或速溶饮料、挤压食品、罐装食品、冷冻食品、麻辣鲜等调料食品以及各种甜点食品等。芋头叶柄可用来制作各种风味独特的腌制食品和泡菜食品等。

五、生姜种植实用技术

272 我国生姜的主产区分布在哪些位置?

生姜是我国传统的出口创汇农副产品之一，除东北、西北部分高寒地区外，姜在全国各地都有种植，南方栽培面积较大，尤以广东、福建和台湾等省种植较多，江西、安徽、浙江、四川、湖北、湖南、贵州、广西、云南等省（区）产量较大。姜自古盛产于南方，明朝末年及清初北方才普遍引种栽培。姜在北方主要分布在山东莱芜、泰安等泰山山脉以南的丘陵地区，以山东省种植最多，陕西城固、河南博爱、辽宁丹东等地也有少量栽培。

山东省是我国生姜栽培面积最大的省份，据全国农业技术推广服务中心统计，我国已有20多个省种植生姜，山东种植面积高达5.1万公顷，安徽超过1.2万公顷。目前全国较为著名和集中的生姜产地有山东莱芜、安徽临泉、四川犍为、湖北荆州等。除传统姜产区外，近年各地不断引种栽培，生姜种植区域不断扩大，黑龙江和新疆等部分高寒地区也开始引种栽培。山东、广西、湖南、江西等省（区）均大量出口生姜产品。

273 生姜种植对环境条件有哪些要求?

（1）温度。生姜在不同生长时期对温度的要求不同，生姜对温度较为敏感，温度直接影响各器官的生长，还直接影响各种生理活动。生姜属于暖性蔬菜，不耐寒，不耐热。种姜在16℃以上便可由休眠状态开始生长，但在16～20℃下发芽及幼芽生长缓慢。在生姜发芽期间，以保持22～25℃对幼芽生长最为适宜，发芽期间温度不宜太高，在30℃以上发芽虽然很快，但幼芽较弱。

一般超过35℃或低于17℃时生姜的光合作用降低，对生长不利。在根茎旺盛生长期，要求白天和夜间保持一定的昼夜温差，白天温度稍高保持在25℃左右，夜间保持在17～18℃，有利于养分积累和根茎生长。生姜生长不仅要求适宜的温度，而且还要求有一定的积温，才能获得较高的产量。莱芜生姜的生长过程中，全生长期约需活动积温3 660℃，需15℃以上的有效积温1 215℃。

（2）水分。生姜为浅根系植物，难以充分利用土壤深层的水分，因而不耐干旱。

生姜的不同生长时期，对水分的要求不同。

幼苗期姜苗生长量小，本身需水量不多，但苗期处于高温干旱季节，土壤蒸发量大，因而常感觉水分不足。同时，生姜幼苗期的水分代谢十分旺盛，蒸腾作用比生长后期要强得多。因此，苗期消耗水分较多，为保证幼苗生长健壮，此时不可缺水。若土壤干旱不能及时补充水分，姜苗生长就会受到严重抑制，经常出现“挽辫子”现象，造成植株矮小，叶片光合能力弱，影响后期根茎形成。

生姜进入旺盛生长期后，生长速度大大加快，需要较多的水分。为了促进分枝和根茎迅速膨大，应及时足量供水。此期如缺水干旱，不仅产量降低，而且品质变劣。但是，生姜也不耐涝，土壤积水，生姜生长发育受阻并容易引发姜瘟病，可能导致大幅度减产。

(3)光照。生姜的生长要求中等强度的光照条件，耐阴而不耐强光。生姜幼苗时期若在高温强光照射下栽培，植株表现矮小，叶片发黄，分枝少而细，长势不旺，产量低。在我国生姜种植区域，均有遮阳栽培生姜的传统。研究表明，光照强弱对生姜生长和产量有明显影响。雨水过多，光照不足，对生姜幼苗生长也不利。生姜不同发育时期对光照强度的要求不同，一般发芽期要求黑暗，幼苗期要求中等强度光照，旺盛生长期同化作用较强、需光量大。

生姜对日照长短的要求不严格，在长、短日照下均可形成根茎，但以自然光照条件下根茎产量最高。

(4)土壤。生姜对土壤质地要求不甚严格，适应性较广。无论沙土、壤土或黏土均能正常生长，但不同土质对其产量和品质有较大影响。沙土透气性好，春季地温上升快，有利于早出苗，幼苗生长也快，但沙土保水保肥能力差，造成旺盛生长期植株生长势弱，容易早衰，往往产量不高。黏土保水保肥能力强，但透气性差，影响前期发苗和后期根茎膨大，最终产量较低。壤土既松软透气，又保水保肥，有利于幼苗生长与根系发育，因而根茎产量高，可为生长后期根茎膨大提供充足的养分，适于栽培生姜，也是生姜产量高、品质好的重要基础。

土壤酸碱性对生姜茎叶和地下根茎的生长都有明显影响。生姜喜中性和微酸性环境，pH 值为 5 ～ 7 时都能生长良好，以 pH 值等于 6 时根茎生长最好。当土壤 pH 值大于 8 时，则对生姜各器官的生长都有明显的抑制作用，表现植株矮小，叶片发黄，根茎发育不良。

生姜如何分类?

(1)根据生姜的植物生长特性及生长习性，可将其分为疏苗型和密苗型。

疏苗型。该类型植株高大，生长势强，一般株高 80 ～ 90 厘米，生长旺盛的植株可长至 1 米以上。茎秆粗壮，分枝较少，通常每株 8 ～ 12 个分枝，生长旺盛的可至15个以上。叶片大而厚，叶色深绿。根茎肥大，姜块数量少，节间长，多呈单层排列。该类型丰产性好，商品质量优良。代表品种如山东莱芜大姜、广东疏轮大肉姜、藤叶大姜等。

密苗型。生长势中等，一般株高65～82厘米。分枝较多，通常每株10～15个分枝，生长旺盛者可至20个以上。叶色翠绿，叶片稍薄。根茎节间短，姜块数量多，多双层或多层排列，排列紧密，姜块较小，但品质较好。代表品种如山东莱芜片姜、广东密轮细肉姜、浙江红爪姜、江西兴国生姜、陕西城固黄姜等。

(2)根据生姜的用途，可分为食用药用型、食用加工型和观赏型三大类。

食用药用型。我国栽培的生姜绝大多数都是这种类型，以食用为主，兼有药用功效，如山东莱芜大姜、广东肉姜、陕西城固黄姜、福建红芽姜等。有少数品种以药用为主，兼顾食用，如鸡爪姜、湖南黄心姜等。

食用加工型。作为加工原料，要求姜根茎纤维较少，含水量较高，质地细嫩，颜色较淡，香味浓，辣味淡。较适于加工为腌制品、糖渍品和酱渍品等。代表品种如浙江红爪姜、安徽铜陵白姜、福建竹姜、遵义大白姜等。

观赏型。生姜主要以其叶片上的美丽斑纹、花朵的颜色和优美形态供人观赏。主要分布在我国台湾地区及东南亚一些地区。代表品种如莱舍姜(纹叶姜)、花姜(球姜或姜花)、斑叶茗姜、壮姜等。

275 我国生姜栽培中有哪些优良品种?

生姜以根茎进行无性繁殖，很难进行常规育种，各地均以种植当地品种为主。这些地方品种都是在当地的自然条件下，经过人们长期的选择、驯化和培育而成，一般都具有较强的适应性、良好的丰产性、优良的品质和独特的食用价值。生姜的地方品种，多以地名、根茎或芽的颜色及姜的其他形态特征命名。

山东省主要栽培的生姜品种有山东莱芜生姜(即莱芜片姜和莱芜大姜)、由山东农业大学引进的山农1号生姜和山农2号生姜，广东省主要栽培品种为疏轮大肉姜和密轮细肉姜，浙江省主要栽培品种为红爪姜、黄爪姜，安徽省主要栽培品种铜陵白姜和舒城生姜，江西省大规模种植的抚州生姜和兴国生姜，湖北种植的来凤生姜以及广西的玉林圆肉姜。

276 适合腌制的生姜有哪些品种?

适合腌制的优良生姜品种有浙江红爪姜、安徽铜陵白姜和湖北来凤生姜。

浙江红爪姜：系浙江省嘉兴市新丰及原余杭县农家品种，植株生长势强，株高70～80厘米。植株分枝力强，属于密苗类型。叶披针形，深绿色。根茎肥大，皮淡黄色，芽带淡红色。肉蜡黄色，纤维少，味辣，品质佳。嫩姜可腌渍或糖渍，老姜可

作调味料。该品种喜温暖湿润，不耐寒冷干旱，抗病性稍弱。浙江当地通常于 4 月下旬至 5 月上旬播种，每 667 平方米种植 4 000 ～ 5 000 株，11 月上中旬采收，也可于 8 月上旬收获嫩姜。单株根茎重 400 ～ 500 克，重者可达 1 000 克以上，一般每 667 平方米产量 1 200 ～ 1 500 千克，高产田可达 2 000 千克左右。

安徽铜陵白姜：该品种生长势强，株高一般 70 ～ 90 厘米，高者可至 100 厘米以上。叶片窄披针形，深绿色。姜块肥大，呈佛手状，鲜姜呈乳白色至淡黄色，嫩芽粉红色，外形美观。肉质细嫩，纤维少，辛香味浓，辣味适中，品质优，适于腌渍和糖渍。当地通常于 4 月下旬至 5 月上旬种植，高畦栽培，搭高棚遮阳，10 月下旬收获。一般单株根茎重 300 ～ 500 克，每 667 平方米产鲜姜 1 500 ～ 2 500 千克。

湖北来凤生姜：又称凤头姜，植株直立丛生，高 40 ～ 50 厘米。叶披针形，具有明显的筒状革质叶鞘，绿色，平行叶脉，互生。根茎黄白色，嫩芽处鳞片为紫红色，母姜、子姜、孙姜每次分生的根茎相隔时间很短，整个根茎排列呈不规则掌状。姜块表面光滑，肉质脆细，纤维少，辛辣味较浓，香味清纯，含水量较高，品质良好，适于蜜饯加工，但不耐贮藏。

277 适合鲜销的生姜优良品种有哪些，各品种又有哪些特性？

适合鲜销的生姜品种有山东莱芜生姜、山农系列生姜、广东疏轮大肉姜和安徽舒城生姜等品种，现详细介绍后两个生姜品种。

广东疏轮大肉姜：为广州市郊区农家品种，种植方式多为间作套种。疏轮大肉姜又称单排大肉姜，植株较高大，一般株高 70 ～ 80 厘米。分枝较少，茎粗在 1.2 ～ 1.5 厘米。叶披针形，深绿色。根茎肥大，皮淡黄色且较细腻，肉黄白色，嫩芽为粉红色，姜球呈单层排列。姜球纤维较少，质地细嫩，品质优良，产量较高，每 667 平方米产量 1 000 ～ 1 500 千克。该品种耐寒性较强，忌水湿，抗病性较差，适宜间作。

安徽舒城生姜：该品种生长势强，植株高约 80 厘米。茎粗，分枝数量为 10 ～ 12 个，茎枝丛生、角度小。叶窄披针形，长 20 厘米，宽 2.5 厘米，深绿色。根茎肥大，表面光滑，长 5.5 厘米，宽 3.2 厘米，皮肉均黄色，嫩芽粉红色。肉质松脆，辣香味浓，纤维少，品质佳。该品种生长期长，有较强的适应性，较耐热耐旱，但不耐涝。单株根茎重 400 ～ 500 克，每 667 平方米产量 1 500 ～ 2 000 千克。

278 莱芜大姜有何特征特性？

莱芜大姜是山东省济南市莱芜区地方品种，我国北方生姜产区主要栽培品种之一。该品种由山东省青州市经济开发区大姜协会提纯复壮，如今种植主要集中在山东青州市和莱芜西北地区。

该品种植株高大，生长势强，一般株高 90 厘米左右，在高肥水条件下，植株高至1米以上。茎秆粗壮，分枝较少，一般每株可分生10～12个分枝，多者20个以上，属于疏苗型。叶片大而肥厚，叶长20～25厘米，宽2～3厘米，叶色深绿。根茎姜球数较少，姜球肥大，其上节稀而少，多呈单层排列，生长旺盛时，亦呈双层或多层排列。根茎外形美观，刚收获的鲜姜黄皮、黄肉，经贮藏后呈灰土黄色，辛香味浓，辣味较片姜略淡，纤维少，商品质量好，产量高。一般单株重约800克，重者可达1 500克以上，通常每667平方米产量3 000千克，高产田4 000～5 000千克。实行双膜、秋延迟保护栽培的每667平方米产量7 000～8 000千克。

279 山农系列生姜品种有何特征特性？

山农系列生姜品种有两个，即山农1号生姜和山农2号生姜，两者均由山东农业大学自国外引进的品种，通过组培试管苗诱变选择而成。

山农1号生姜：品种植株高大健壮，生长势强，一般株高80～100厘米。茎秆粗，分枝数较少，通常每株具有10～12个分枝，多者15个以上。叶片大而肥厚，叶色浓绿。根茎皮和肉呈淡黄色，姜球数少而肥大，节少而稀。一般单株根茎重约800克，重者可达2千克以上，平均每667平方米产量3 500千克。

山农2号生姜：品种植株高大，生长势强，一般株高90～100厘米。茎秆粗，分枝数少，通常每株具有10～12个分枝，多者15个以上。叶片宽而大，开展度较大，叶色较浅。根茎黄皮，肉呈现黄色，姜球数少而肥大。一般单株根茎重600克左右，重者可达1.5千克，一般每667平方米产量3 500千克左右。

280 如何合理选用生姜品种？

我国生姜地方品种较多，特性各异，应根据栽培目的选用适宜的生姜品种。首先，考虑选用高产品种，如山农1号、山农2号、莱芜大姜等；其次，考虑消费市场的需求，如湖北鄂西地区喜食腌渍生姜，则须选择纤维少的来凤生姜品种，而考虑到出口中东及东南亚地区则一般要求姜块中等大小；最后，还应考虑种植生姜的加工方式，如脱水加工要求根茎干物质含量高，腌渍和糖渍加工要求根茎鲜嫩、纤维素含量低，而加工精油则要求根茎挥发油含量高。

281 如何繁育生姜的优良种子？

生姜的繁殖方式分为四种，即种子繁殖、根茎繁殖、株芽繁殖和组织培养繁殖。生姜良种生产中一般选用根茎繁殖，通俗理解为利用姜块本身进行繁殖。建立三级繁育体系是生姜种子大规模生产的最优手段，即生姜原原种生产、原种生产和良种生产。利用生姜茎尖分生组织培养脱毒生姜苗，已成为防治病毒和提高生姜产量及品质的主要方法，该技术目前多用于生产优质的生姜原原种。

生姜良种繁育过程中应该注意哪些问题?

生姜良种繁育过程中应注意如下问题:

(1)防杂、防病、保纯。生姜在催芽、定植、移栽及收获过程中,应有专人管理,做好记录,严防混杂,发现病株后,应立即清除,以防传染。在大田生产过程中,应进行认真观察,发现病株、劣株及时拔除,做到防杂重于去杂,防病重于治病,保纯重于提纯。

(2) 加强栽培管理。优良的栽培环境能使品种的特性得以充分表现。根据生姜品种的特性,在轮作、选地、耕作、施肥、灌水以及田间管理各环节上,要做到细致、及时,严防旱害、涝害及病虫害。

(3)增加繁育系数。生姜用种量较大,而繁殖系数较低,为提高繁殖系数,可采取小种块播种、宽行稀植,节约用种,增加营养面积和光合作用。

怎样建立生姜的良种繁育制度?

根据生姜特点,将生姜繁殖分成繁殖用种及生产用种。建立生姜两级种子田的做法:第一年用原种的第二代或上年大田株选择长势优良种建一级种子田,从其中再选优株供下年一级种子田用种,其余去杂去劣后,供下年作二级种子田用种。二级种子田再经过筛选后,选作大田用种,如此逐年继续,不断生产高质量的种子。其繁育程序如下(图 84):

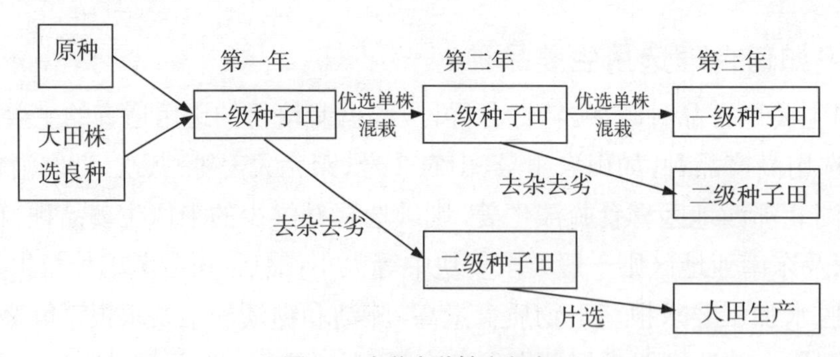

图 84 生姜良种繁育程序

生姜的原种生产步骤及注意事项有哪些?

生姜原种生产中要求纯度达到 99%,等级一级。提供给生产上繁殖的二代原种,纯度不低于 97%,等级不低于二级,产量和品质应高于原生产用种。原种应由品种选育单位提供的原种繁殖所得到的原种第二、三代,再繁殖后供生产上使用。在生产上使用几年发生混杂退化后,则可以采用母系提纯法生产原种,实行品种更新。母系提纯法的主要程序是单株选择、分系比较、入选优系混合繁殖、生产原种(图85)。

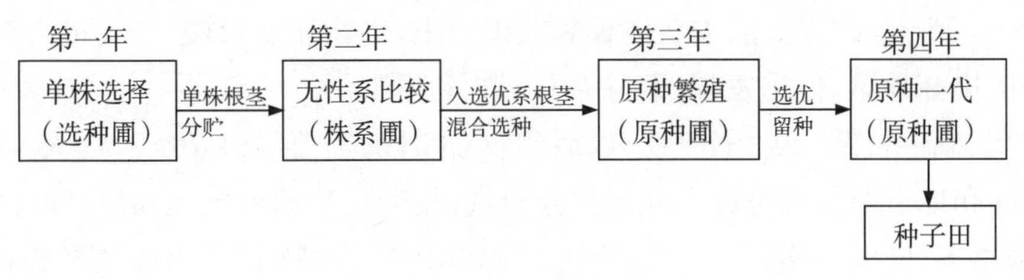

图 85　生姜原种生产程序

注意事项：姜瘟病由根茎带病传染，必须从无病根茎选起，才能保证防除病害。一是种姜选择。种姜应选色泽鲜黄、有光泽、组织细密、无病无伤、无腐烂、无潮解发汗的根茎 200 块以上，入选种圃单行种植。二是单行种植。除按品种的标准性状进行选择外，还要注意抗姜瘟病及耐贮存性的选择。三是行系比较。各行系分区种植，以原品种做对照，经比较鉴定，选出优良株系。四是混系繁殖。分系比较，当选的行系混合贮藏，生产原种。

285 生姜原种繁育技术中哪些问题需要高度重视?

生姜原种繁育的优劣与大田生产密切相关，原种繁育过程中需要注意以下几个问题：

(1)田块选择。原种繁殖田应选择排灌方便、富含有机质的微酸性壤土。

(2)种姜消毒。选择晴天从贮藏室取出种姜，晒 2 ～ 3 天，以促进种姜发芽，并清除在窖中变质的根茎。然后选取健壮种姜进行消毒处理，消毒药剂可选用 40% 福尔马林 100 倍稀释液或 0.5%高锰酸钾溶液浸种 30 分钟。

(3)实行轮作。生姜易感姜瘟病，切忌连作。已有研究结果显示，无病种姜在病区亦无病，但在病区连作，发病率为 15.7%～ 19.5%，严重时无收获。在病区隔年轮作发病率为 13%～ 20%，在病区水旱轮作发病率为 4.5%～ 5.0%。由此可见，实行轮作是防病的有效措施。

286 生姜的生长发育分为哪几个时期?

生姜为多年生草本植物，在栽培中通常作为一年生作物栽培。生姜的生长发育一般分为四个时期，即发芽期、幼苗期、旺盛生长期和根茎休眠期。

(1)发芽期。从种姜幼芽萌动开始到第一片叶展开，需要经过 40 ～ 50 天。按照幼芽的形态变化，生姜发芽过程可分为四个阶段，即幼芽萌动阶段、幼芽破皮阶段、鳞片发生阶段和成苗阶段。该时期生姜需肥量小，生长慢，在栽培中必须注意精选种姜，培育壮芽，加强田间管理，防止肥料过量烧芽。

(2)幼苗期。从第一片真叶到母姜下端根系形成并于两侧发生突起，分生形成子姜，地上形成两个较大的侧枝，即俗称“三股杈”或“三马杈”为生姜幼苗期，一般

需要 65 ～ 75 天。此时期以主茎生长和发根为主，生长速度较慢，生长量仍然较小。生产中应提高地温，促进发根，消除杂草，进行遮阳。

（3）旺盛生长期。从“三股杈”以后到收获阶段，需要经过 70 ～ 75 天。该时期地上茎叶和地下根茎同时进入旺盛生长时期，生姜生长速度大大加快，分枝发生量大、叶数增多、叶面急剧扩大。生产中此时期应注意追肥、除草及病害防控。

（4）根茎休眠期。生姜不耐寒、不耐霜，不能在露地越冬。所以一般都在霜期到来前便收获贮藏，迫使根茎进入休眠，从而安全越冬。生姜在贮藏时要保持适宜的温度和湿度，减少养分消耗，防止冻害发生。

287 生姜生长过程中需肥特性是什么？

生姜在不同发育时期对养分的需求不同，苗期生长缓慢，生长量小，因而需要肥料较少。“三股杈”时期以后生长旺盛，需肥量增多，后期追肥十分重要，一般生产中后期要追肥 2 ～ 3 次，每次每 667 平方米追施复合肥 10 千克为宜。生姜生长过程中，对钾肥的需求量最大，氮肥次之、磷肥最少。同时，生姜生长发育中也涉及对锌、硼等微量元素的需求，因此生姜栽培须施用完全肥。如果缺少某种元素，不仅会影响植株的生长和产量，而且也会影响根茎的营养品质。生姜施肥水平的研究表明，以施用适量完全肥（每 667 平方米施氮 40 千克、五氧化二磷 7.5 千克、氧化钾 40 千克）的处理效果最好，植株生长旺盛，分枝多，产量最高。

288 如何确定生姜的栽培季节？

生姜属于喜温暖、不耐寒冷和霜冻的蔬菜作物，所以必须要将生姜的整个生长期安排在温暖的无霜季节，这是确定适宜播种期的主要依据。

根据生姜的生物学特性要求确定栽培季节与茬次安排。各地应根据当地的气候条件及生姜发芽对温度的要求，合理地安排播种时期，确保生姜有足够的时间生长，即从出苗到采收需 135 ～ 150 天。生长期内有效积温在 1 200 ～ 1 300℃，尤其是根茎旺盛生长时期，要有一定日数的最适温度，才可获得较高的产量。当前实际生产中，为调整生姜采收时期、提高生姜产量，已采用地膜覆盖、塑料大棚等保护地栽培，均获得显著成效。

289 如何选取优良种姜进行催芽？

实际生产中生姜均选用地下根茎来繁殖，用种量比较大，一般选上一年采收经过贮藏的老姜作为种姜。由于生姜品种较多，应根据当地市场需求、栽培条件及管理水平，选择合适的种姜。

根茎的选择必须注意以下几个方面：

(1)采收种姜时，要求根茎充分成熟，姜苗叶色开始由绿转黄，未经霜冻，地上茎健壮未早衰，叶片无病斑，茎秆粗壮、无伤痕，拔起的植株要在阳光下暴晒一天，不能过夜。采收时注意不能有过多机械损伤，切除茎秆不能伤及根茎。

(2)留种田块应选择没有病害的地块，在姜瘟病发病区选择无病地块留种，在未发病区坚持不能从病区引种。

(3)姜催芽前还要进行精细挑选，选择肥大、无伤、无病虫害的根茎。太小、色泽不纯、瘦弱的根茎一律剔除，不能作种。

290 生姜催芽一般需要注意哪些事项?

催芽过程中重要的管理措施是调节好温度。生姜催芽期间，温度必须调控在22～25℃，避免温度过低或过高。催芽期间的温度，开始应较低，逐渐升高至22～25℃，促使姜芽迅速萌动，待种姜膨大后，温度降至20℃，促使芽健壮，防止徒长。

291 如何挑选生姜种植田块?

种植生姜，选地是关键。根据生姜生长对土壤的最适需求，应选择土层深厚、透气性好、土质肥沃、有机质丰富的地块，保水保肥力强的沙壤土、壤土、黏壤土。同时，要求田块地势稍高、灌溉方便、不易积水，田块尽量大且适应机械化耕作，减少劳工投入。

用作生姜种植的田块，前茬作物尽量避免种植根茎类蔬菜、花卉，能够有效地降低田间病害发生，显著提升肥料利用率。由于生姜不宜连作，应与水稻、十字花科作物、豆科作物等进行2～3年的轮作，即要与其他作物交替种植。

292 生姜种植前田间如何除草?

整地前田块杂草须施用广谱灭生性除草剂进行田间喷施，一般施用草甘膦、草铵膦，用量按实际购买浓度说明进行。喷施应在整地前15天左右进行，田头杂草均须喷施，防止草害蔓延。

293 生姜种植田如何整地施肥?

整地前药剂除草，待地面杂草完全死亡后，进行田间细耙1～2遍，每667平方米施用优质圈肥6 000千克、过磷酸钙50～75千克，然后将地面整平。

北方生姜种植多采用起垄沟种，南方一般采用高畦栽培。南方种姜的施肥方式一般为“盖粪”，即先摆放种姜，然后盖一层细土，再施入农家肥或化肥，最后再盖土2厘米左右。生姜种植中底肥采用复合肥，需要施入氮、磷、钾含量各为15%～17%的复合肥料35千克。

播种前如何对种姜进行消毒处理？

为预防种姜带菌，播种前应进行种姜消毒处理。可用1%波尔多液浸种20分钟；或用草木灰浸出液浸种20分钟或1%石灰水浸种30分钟，晾干后播种；或用福尔马林100倍稀释液浸种6小时，闷种6小时，防病效果良好。

播种前掰种姜需要注意哪些事项？

种姜催芽时姜块一般都未分开，催芽结束后每节上可能都有芽。因而将大块的种姜掰成大小适宜的姜块播种，也是对种姜进行块选和芽选的过程。掰姜时应保证姜块大小，若种块大，则出苗快，姜苗生长旺盛，植株健壮，产量高；若种块较小，则出苗慢，弱苗，容易感病，产量较低。一般种块的大小控制在75克为宜，这样每667平方米用量不太大，又有利于丰产，综合效益最佳。

掰姜时一般要求每个种姜上有一个壮芽，少数可保留两个壮芽，其余的芽须去除，确保集中养分供给，达到及早出苗、壮苗的目的。同时，在掰姜过程中，发现姜块变褐、腐烂、长霉等，应及时剔除。

生姜的播种量与密度有何要求？

生姜的播种量受到播种密度和姜块大小的影响。一般高产田每667平方米播种密苗型品种7 000～7 500株，疏苗型品种5 500～6 000株，每块平均重量为75克，每667平方米用种重量分别为540千克、430千克左右。生产中种姜用量比理论要大一些，但种姜不烂，秋季还可回收，消耗性并不大。在生产上只要条件具备，尽量采用大姜块播种，以提高产量和效益。

生姜的播种密度受多因素影响，即种植品种、土壤、肥水、播种期和播种量等。合理的播种密度是实现生姜丰产的重要因素之一，生产中应根据品种和种植环境来综合确定。

如何对生姜进行适当的遮阳？

生姜属于中光性植物，不耐强光、高温，但生姜生长发育前中期均处于夏季，温度、光照强度、湿度均居高，若无遮阳与降温措施，会造成姜苗矮黄、生长发育不良，从而导致减产。目前，生产上常采用搭棚遮阳、建篱遮阳，有条件的地区已开始使用打孔黑膜、遮阳网等进行遮阳。

有的地方采用姜菜或者姜粮间作方式来遮光，如广东实行姜芋间作，湖南实行姜瓜间作，或在姜田行间种植玉米、向日葵等高秆作物，效果也较好。山东采用麦姜套种方式，在播种冬小麦时预留出种姜的畦，收获小麦时，只割下麦穗，留下麦秆为姜遮光，这样不但可以提高土地利用率，而且减少麦草购置费用，已成功推广应用。

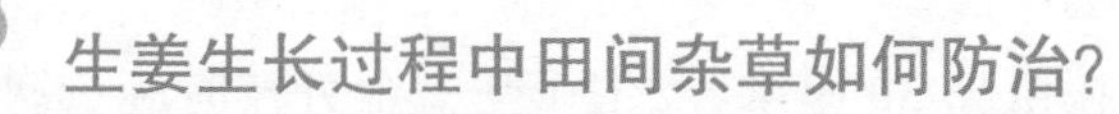

298 生姜生长过程中田间杂草如何防治？

生姜播种后出苗时间较长，南方地区会出现短时阴雨，杂草生长较快，应在生姜播种完成后，田间湿度较大的情况下，喷施杂草封闭剂异丙甲草胺，用于防止出苗前期杂草生长。

生姜幼苗期到旺盛生长期阶段生长缓慢，又处于高温多雨季节，此时封闭剂功效退化，杂草萌生力强，如管理不善，极易造成草荒。幼苗时期选用除草剂除草较为科学，一般生姜田能够使用的除草剂为拉索、氟乐灵和胺草磷，其中拉索的除草效果最好，对姜苗安全性高，药效持久。在生姜除草剂的选择上要慎重，千万不能使用灭生性除草剂，也不能使用主要杀灭单子叶杂草的除草剂。

当生姜进入旺盛生长阶段时，生姜植株已基本封行，此期间杂草稀少，可采取人工除草。

299 生姜怎样合理浇水？

生姜种植中必须根据不同生长阶段需水不同的特点，进行合理浇水，才能获得较高的产量。生姜根系较浅，吸水能力弱，种植过程中要求土壤湿润，须经常浇水。但生姜怕涝，田间水分过高，容易引发姜瘟病。

(1)发芽期水分管理。播种时必须浇透水，通常出苗 70%左右时开始浇水一次，切勿出现土表板结现象。

(2)幼苗期水分管理。幼苗期植株小，生长慢，需水不多，一般前期以浇小水为宜，浇水后趁土壤见干见湿时，进行松土，以利于提高地温，促进根系发育。在后期处在炎热夏季，土壤失水量较大，应当增加浇水次数，经常保持土壤相对湿度在65%～70%。夏季浇水以早晨或傍晚为宜，浇水后防止田间积水。整个幼苗期需要注意水均匀供给，不可忽干忽湿，容易造成姜叶出现“挽辫子”现象。

(3)旺盛生长期浇水。该阶段地上部分大量发生分枝和新叶，地下根茎迅速膨大，此期间植株需水量大。为满足旺盛生长对水分的需求，一般每一个星期浇水一次，有利于根茎的迅速生长。采收前 5 天再浇水一次，以便于采收姜块带一些泥土入窖保存。

南方丘陵山区姜幼苗生长前期，气温较低，雨水多，为了防止姜田积水，应搞好田间清沟工作。夏季后水源不足的地方，使用农作物秸秆进行田间覆盖，保持田间墒情。

300 生姜怎样科学施用肥料？

生姜生长期长，对肥料的需求量大。除基肥外，还要进行分期追肥，才能满足

生姜生长对养分的需求。不同生长时期，对肥料需求量不同，应根据不同生长期植株对肥料的吸收规律合理施肥。

幼苗期植株生长量较小，在苗高30厘米、发生1～2个分枝时施一次提苗肥，每667平方米用尿素20千克左右。植株从幼苗期向旺盛生长期转折时期，姜苗生长速度加快，对养分需求量明显加大，要少量多次追肥。一般每隔20天施肥一次，每667平方米施用复合肥10千克，连续追施2次。在旺盛生长期内，需要进行第4次、第5次追肥，促进根茎的迅速膨大，每次追施复合肥15千克，间隔期为15天左右即可。

301 生姜如何进行中耕培土？

生姜根茎在土壤里生长，要求黑暗、湿润的条件，因而在中后期随着根茎的生长发育，为保证产量，必须进行中耕培土。结合中耕、除草和追肥进行第一次培土，共需要培土3～4次。如安徽铜陵生姜种植后，在收获母姜后进行第一次培土，7～10天后再培土高10厘米，15天后再进行第3次培土。每次培土注意不要伤及根茎部分。若收获嫩姜，培土应高一些，起到软化作用，使根茎肥大、脆嫩。

302 露地栽培中怎样提早生姜的上市时期？

露地栽培中要想使生姜提前上市，必须缩短生姜出芽时间，幼苗期田间加强管理，提高地温，从而能将生姜提前10～15天上市。目前已推广使用双层薄膜覆盖，提高播种后土壤温度，加快生姜出苗，缩短出芽时间。

生姜播种后，采用白色地膜覆盖在种植行上部，覆盖时要绷紧地膜。再利用竹竿搭设直径为1米的小拱棚，并覆盖白色地膜，实现种植后双层薄膜覆盖。在我国来凤生姜生产中，使用双层薄膜覆盖栽培能够提前10天左右出芽，出芽后继续使用小拱棚，当植株高度达40厘米再揭棚，能够有效增加生姜生长过程中所需积温，能显著提前嫩姜上市时间，增加生产效益。

覆盖小拱棚后需要每天注意棚内温度，当温度过高时，须进行通风透气，避免烧芽。

303 生姜地膜覆盖栽培中需要注意哪些要素？

生姜地膜覆盖栽培中应注意以下两点：

(1)播种后封闭剂处理。用33%二甲戊灵均匀喷雾地面，然后用宽1.2米的地膜拉紧，盖于沟两侧的垄上，沟底与膜的距离保持在15厘米左右。幼芽出土后，苗与地膜接触时打孔。

用透明和黑色地膜双层覆盖，能够节省劳动力，降低生产成本。具体做法：生姜播种后随即盖上透明地膜，待生姜出苗前再直接覆盖一层黑色地膜。黑色地膜能够防草、降温、保湿，从而在幼苗期减少人工除草、浇水用工。

(2)破膜引苗，加强水肥管理。当10%～15%的姜芽出土时，及时破膜引苗。可自制简易工具进行破膜，之后在孔洞周围用土压实，以防灌风和烧苗。

304 生姜大棚栽培与露地栽培有何不同?

生姜大棚栽培与露地栽培在农事操作步骤上基本一致，但在农事安排、日常管理及产量上差别较大。

(1)早播迟收。生姜的产量与其生长时间呈现正相关性，生长期越长，产量越高。大棚栽培比露地栽培提前1个月播种，采收则推后1个月，整个生产期内大棚比露地延长2个月左右，产量明显提高。同时，由于采收期推后，在生姜主产区能够缓解人工不足，错峰上市。

(2)重施基肥。大棚栽培生姜生长期长，单株产量高，对肥料的吸收多，棚内保水保肥性强，一次施入大量基肥能大幅降低后期追肥。一般每667平方米施入农家肥8 000千克、复合肥50千克，混合杀虫剂一同施入，能有效防治地下害虫。

(3)宽垄稀植。大棚生姜栽培中为充分激发单株产量，应采取稀播的方式种植。大姜一般行距60～65厘米，株距20厘米为宜;小姜行距55厘米，株距18～20厘米。

(4)管理可控。大棚栽培内部温度和湿度，可通过开关棚门及揭盖裙膜来有效调节。在肥水供给上，可利用棚内灌溉设施来保证。在遮阳上大棚栽培可于6月中旬去除棚膜，换上遮阳网(透光率60%)，如大棚上部有遮阳网则可直接打开遮阳网。

305 生姜栽培间作套种主要有哪些方式?

(1)大蒜田套种生姜。9月下旬播种大蒜，翌年5月上旬，在大蒜行间套种生姜，5月中下旬收获蒜薹，6月上中旬收获大蒜。大蒜收获之前以其植株为生姜遮阴，大蒜收获以后，需要重插姜草。大蒜畦宽1.5米，每畦播3行，行距50厘米，株距7～8厘米。在大蒜的行间套种生姜，生姜行距50厘米，株距16～18厘米。第二年春季在套种生姜以前，先清除大蒜田里的杂草，然后，在大蒜行间及畦埂处开姜沟，并施足基肥，于5月上旬播种生姜。5月中下旬开始收获蒜薹时，部分生姜已出苗。因此，在田间操作时应特别注意，以免损伤姜芽。从生姜播种至大蒜收获，二者共生期为30～35天，从生姜出苗至大蒜收获，共生期只有10～15天。在两种作物共生期间，大蒜可为生姜遮阴，同时，大蒜正处于旺盛生长期，需要大量肥水，而套种生姜时施入大量肥料，并浇足了底水，为大蒜后期生长提供了良好的肥水条件，促进了大蒜产品器官的形成。实行此套种方式一般每667平方米产鲜蒜750千克，产生姜1 750～2 000千克。

（2）果树与生姜套作。幼龄果树及进入初果期的果树，树干较矮，株行间空隙地面较大，通风透光条件较好。树盘面积随树冠和根系的扩展而增加，1～3年生果树，树盘直径为1.5～2.0米，3～5年生果树，树盘直径为2.5～3.0米。通常1～3年生果树，可根据树体的大小间作5～7行，3～5年生果树可间作4～6行，冬季在果树行间深翻土地，第二年春季将土地整细整平。于生姜播种前，按行距50厘米开沟，施入足量的基肥，浇足底水，将种姜排放沟内，株距14～16厘米，然后覆土4～5厘米。播种后一周内趁土壤松软时插姜草遮阴。其他管理措施，与一般生姜生产相同。

306 高山地区生姜栽培需要注意哪些事项？

高山生姜栽培与低山丘陵地区农事操作基本一致，但由于海拔较高，气温、土壤与低山丘陵不同，在栽培中应注意以下事项：

（1）根据海拔高度和无霜期来确定生姜是否适合种植，海拔超过1 200米以上地区，应咨询当地农技部门开展小规模试验性种植。

（2）高山地区生姜种植应选择土壤层较深厚的田块，生姜生长过程中尤其是在旺盛生长时期后需要培土，如土壤层较薄，则大大降低生姜产量。

（3）高山地区小气候环境较多，夏秋季时期空气湿度较大，温度低，要做好病害防控，尤其是姜瘟病的防治。

（4）高山地区生姜贮藏较为方便，但需要注意贮藏地方的水分与湿度，以防生姜腐烂、霉变。

307 生姜有机栽培与绿色栽培有何不同？

生姜有机栽培与绿色栽培有以下几点不同：

（1）栽培种植的条件。有机栽培产地环境须符合有机食品产地环境标准，绿色栽培则须符合相应绿色食品产地环境质量标准。有机栽培的环境条件须得到相应评价认证机构的认证，须根据土壤种植的性质进行1～3年的有机栽培转换。

（2）栽培投入品。有机栽培中不能使用化肥、农药，绿色栽培可以使用部分化肥、农药。

（3）产品溯源。有机栽培中需要全程记录农事操作过程，即种子、肥料、药品的来源与使用方法，绿色栽培则未强调溯源性。

308 生姜有机栽培中需要注意哪些事项？

生姜有机栽培中应注意以下事项：

（1）选田。生产有机生姜应选择地势高、土层深厚疏松、有机质丰富的中性或微酸性土壤。前茬作物为茄科、薯蓣类作物以及黏重涝洼的田块不宜作为姜田。

(2)播前准备。深耕土壤20～25厘米，头耙前每667平方米撒生石灰50千克，充分耙碎，整平田面。选择位于种姜上部和外侧的姜块作为种块，种块大小应为75～100克，保留一个矮壮芽，其余芽全部抹去，用草木灰蘸伤口，置于室内1～2天后播种。

(3)病虫害防治。姜瘟病和炭疽病发病初期可用波尔多液喷施，姜瘟病严重时应及时挖除病株及带菌土壤，并在病窝内撒250～500克生石灰。虫害防治中，可在姜田内放置粘板诱捕，结合使用杀虫灯诱杀成虫，虫害严重时可用苦参碱、茶皂素等防治。

309 普通姜芽栽培技术应掌握哪些要点？

普通姜芽栽培与常规生姜栽培大致相同，但为提高产量，保证品质，应掌握如下几点：

(1)品种选择。姜芽栽培中应选用密苗型品种，其分枝较多，姜球小，制作姜芽时利用率高，肥料施用少，种植效益显著。

(2)提高密度。采用较小的姜块进行播种，其长成的幼苗茎秆细，根茎的姜球小，但足以达到直径1厘米的产品标准。

(3)人工调节。姜播种前用250～500毫克/千克的乙烯利浸种15分钟，可促进姜分枝，有利于增加姜芽数量。

(4)肥水管理。姜瘟病多于7—9月发生，应加强前期管理，及早追肥浇水，促进姜苗提早发生和长成。

310 软化姜芽栽培技术如何进行？

软化姜芽是在没有光照的条件下培育而成，从播种到采收需40～45天。

(1)场地选取。软化姜芽可以利用空闲房屋、仓库、大棚、日光温室等改建的避光栽培设施。内部需要配置育芽床、增温设备，且通风散气。

(2)品种选择。为增加姜芽数量，提高单位面积姜芽产量，软化栽培的品种应为密苗型。

(3)栽培苗床。一般软化苗床高20～25厘米，宽1.0～1.5米，长度依场地而定。先在苗床底部铺设一层厚5～10厘米沙子，再排放种姜。排种时姜芽向上，不要倒栽，姜块之间要紧密，不要松歪。一般每平方米用种15～20千克。排满后覆盖6～7厘米厚沙子，再喷水，使细沙或土下湿润而不积水。

(4)栽培管理。栽培环境温度应控制在25～30℃，为促进幼芽生长，可在水中融入少量氮、磷化肥(浓度不超过1%)叶面喷施。一般经过50～60天，幼苗长至30～

40厘米时，即可采收。

（5）采收。姜芽长至要求的标准应及时收获，若收获过早，幼芽太短，根茎细弱，腌制时易变软；采收过晚，根茎老化，纤维增多，影响品质。

311 怎样防止幼嫩姜芽腐烂？

姜芽腐烂现象是生姜出苗时遇到阴雨或浇水过多后出现高温，地表温度过高导致幼芽伤害。为避免该病害发生，在生姜出苗时尽量不浇水或少浇水，必要浇水时要浇小水。及时破膜防风，以防水后高温。

312 生姜出现畸形叶片时应采取哪些措施？

生姜出现叶片畸形的原因主要有：一是苗期土壤干旱，气温高，浇水不及时或不均匀。二是使用未腐熟的有机肥，在肥料腐烂过程中释放出的氨气或亚硝酸气体，使生姜幼芽或幼根受到伤害而造成。三是栽培过程中受到蓟马危害所致。四是覆盖地膜与土壤接触不紧密，导致土壤和地膜间存在小气候，当高温到来时出现该情况。当发生上述情况后防止方法主要有：一是合理浇水，保持地面湿润。二是使用腐熟的有机肥，施用时尽量采用沟施，点施肥时肥料不要接触到种姜。三是科学防治病虫害。四是地膜覆盖与小拱棚的使用要规范，及时通风降温。

313 怎样防止生姜叶片黄化？

生姜生长进入“三股杈”时期后，叶片黄化，由上部叶片先变黄后变白，最后干枯。植株根茎不膨大，根系不发达，矮小、瘦弱，光合作用降低。导致该现象的主要原因为，地块严重缺乏有机质，微量元素供给不上，使得植株叶绿素合成受阻。

通过多施入优质有机肥并结合喷施微量元素肥料，可有效避免该生长不良现象的发生。尤其是在生姜出苗后，结合浇水追施一次含量10%以上的氨基酸溶液2～3千克，并补充叶面喷施稀释300倍的氨基酸铁溶液即可。

314 如何防治姜瘟病？

姜瘟病主要危害根部及姜块，染病姜块初呈水渍状、黄褐色，内部逐渐软化腐烂，积压有污白色汁液，味臭。茎部染病，呈暗紫色，内部组织变褐腐烂（图86），叶片凋萎，叶色淡黄，边缘卷曲，最后死亡。姜瘟病为细菌性病害，该菌在姜块内或土壤中越冬，带菌种姜是主要的侵染源，栽种后成为中心病株，靠地面流水、地下害虫传播，病菌需要借助伤口侵入。通常6月开始发病，8—9月高温季节发病严重。

姜瘟病的发病期长，可多次侵染发病，防治比较困难。在种植中应尽量控制病害发生和蔓延，要正确选地、合理轮作、严格选种，播种前消毒种姜，发病后的姜窝子应及时拔除，并利用杀菌剂消毒防止传播。

药剂防治方法：播种前用20%噻菌铜悬浮剂500倍稀释液浸种。生长期间发病，在田间喷施姜瘟净水剂（黄芪多糖、小檗碱、紫草素≥2.8%）500倍稀释液或45%代森铵水剂600倍稀释液或72%农用硫酸链霉素可溶性粉剂5 000倍稀释液或3%克菌康可湿性粉剂600倍稀释液。药剂一般使用三种进行喷施，各药剂交替使用即可。

图86　姜瘟病病茎

315 如何防治生姜炭疽病？

该病以危害叶片为主，发病时叶片呈湿润状褪绿病斑，可互相连接成不规则形大斑（图87），严重时可使叶片干枯，潮湿时病斑上长出黑色略粗糙的小粒点。危害茎或叶鞘形成不定形或短条形病斑，亦长有黑色小粒点，严重时可使叶片下垂，但仍保持绿色。

图87　姜炭疽病病叶

姜炭疽病应采取以加强栽培控病措施为主，结合喷药保护的综合防治，其主要防治方法：彻底清洁田园，勿施用混有病残体堆制而未完全腐熟的土杂肥，深翻晒土，减少初侵染源。实行轮作，切勿与茄科作物、姜科的其他作物连作或邻作，与水稻轮作效果好。高畦深沟种植，施优质有机底肥，整平畦面，及时中耕培土，清

除杂草，降低田间湿度，适当增施磷钾肥。化学防治可用40%多硫胶悬剂500倍稀释液或70%甲基托布津可湿性粉剂1 000倍稀释液或80%炭疽福美可湿性粉剂600～750倍稀释液喷雾，每8～10天喷一次，连续喷3～4次。

316 如何防治生姜叶枯病?

生姜叶枯病主要危害叶片，病叶上开始产生黄褐色枯斑，逐渐向整个叶面扩展(图88)。染病初期叶片呈暗绿色，逐渐变厚有光泽，叶脉间出现黄斑渐渐扩大使全叶变黄而枯凋，病斑表面呈黑色小粒点状。

生姜叶枯病是真菌性病害，病菌在病残体上越冬，春天产生子囊孢子，借风雨、昆虫或农事操作传播蔓延。高温、高湿容易发病，连作地、植株长势过密、通风不良、氮肥过量、植株徒长会使发病严重。

防治方法：首先，注意肥料的合理配比，在施用氮肥的过程中也要施磷钾肥，特别是钾肥。其次，在生产中要避免连作，可行的情况下实行2年以上的轮作。再次，低山洼地最好不种姜，姜田应选地势较高、排灌方便的地块。最后，药物防治可用70%甲基托布津1 000倍稀释液或75%百菌清1 000倍稀释液，于发病初期全株叶面喷雾防治，隔7～10天喷一次药，连喷3次。

图88 姜叶枯病病叶

317 如何防治生姜纹枯病?

该病主要危害叶鞘，也危害叶片(图89)。染病时，叶鞘上发生灰绿色圆形病斑，后扩大呈不规则形或长圆形，叶片上病斑水浸状，扩大后呈云纹状不规则的大型病斑，软化腐烂，湿度大时病斑处产生白色蛛丝状的菌丝体，后期菌丝集结形成菌核。

病原菌为立枯丝核菌，主要在杂草和田间其他寄主上越冬。高温多湿的天气易诱发该病，氮肥施用较多也容易诱发该病。

防治方法：一般应选用高燥地块种姜，及时清沟排渍，降低田间湿度。发病初期喷施30%菌核净可湿性粉剂1 000倍稀释液或5%井冈霉素水剂500倍稀释液，每7天喷施一次，交替使用2～3次。

图89　姜纹枯病病株

318 如何防治生姜枯萎病?

该病主要危害根茎部，染病后根茎腐烂变褐，植株枯状(图90)。发病根茎呈半透明水渍状，挤压患部可以渗出清液，根茎表面长有菌丝体。该病与姜瘟病容易混淆，应注意区分。姜瘟病根茎多呈半透明水渍状，挤压病部溢出乳白色菌脓。

药剂防治方法：发病初期于病株及其四周灌注50%苯菌灵可湿性粉剂1 500倍稀释液或50%多菌灵可湿性粉剂800倍稀释液或50%甲基硫菌灵可湿性粉剂500倍稀释液，隔3～5天灌注一次，连续防治2～3次，可控制病害蔓延。

图90　姜枯萎病病株

319 如何防治生姜白星病?

该病主要危害叶片，发病初期，叶片上的病斑很小，初期为淡褐色，有淡黄色的

晕环，之后病斑发展为梭形或长圆形，长2～5厘米，病斑中部变薄，呈浅黄色或灰白色，边缘红褐色，后期病斑变薄，易破裂或成穿孔，病部可见针尖大的小黑点（图91）。

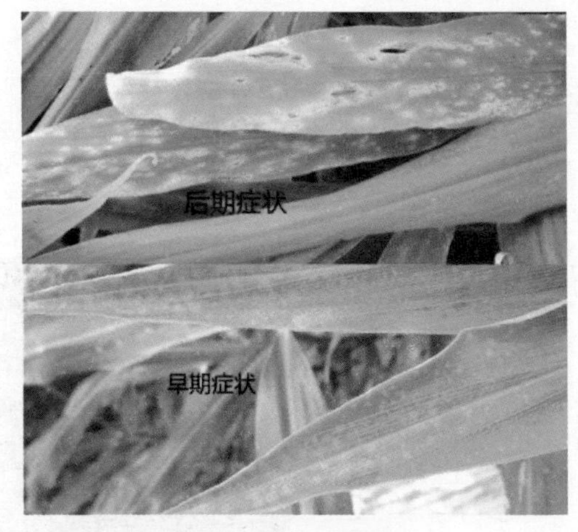

图91　姜白星病病叶

病原为姜叶点真菌，病原在田间可通过雨水溅射传播。温暖多湿、株间较密有利于该病发生，田间湿度大或植地连作也利于发病。

药剂防治方法：发病初期喷施70%甲基硫菌灵可湿性粉剂1 000倍稀释液＋75%百菌清可湿性粉剂1 000倍稀释液，隔7天喷施一次，连续喷施2～3次。

320 如何防治生姜根腐病？

该病主要危害茎基部和根茎，发病初期植株下部近地端的茎叶出现黄褐色病斑，病情发展后软腐，很快向上发展，地上部茎叶黄化凋萎后枯死（图92），地下部根茎感病也软腐，湿度大时茎基部和根茎表面会产生白色菌丝。

病原为群结腐霉，可在田间通过雨水溅射或灌溉水传播。通常日暖夜凉的天气有利于该病发生，植地低洼积水、土壤含水量大、土质黏重也有利于该病发生。种植带菌的种姜和连作，会造成发病严重。

药剂防治方法：种植前用50%甲霜灵可湿性粉剂1 000倍稀释液浸种，晾干后播种。在出苗后至始发病期，用50%甲霜灵可湿性粉剂800倍稀释液或64%恶霜・锰锌可湿性粉剂500倍稀释液浇灌，隔7天后再浇灌一次。

图92　姜根腐病病株

321 如何防治生姜病毒病？

生姜在生产上长期采用无性繁殖，容易感染多种病毒病。感染了病毒病的生姜，优良性状退化，品质下降，一般表现为局部或系统花叶、褪绿（图 93），叶子皱缩或叶畸形，植株矮化，生长缓慢。

目前已证明，生姜病毒病病原有黄瓜花叶病毒和烟草花叶病毒。病毒病主要通过种姜传播，如汁液擦伤、蚜虫等昆虫也可进行传播。

防治方法：对病毒病目前还没有好的药剂进行防治，生产上主要采用抗病品种及脱毒姜苗。田间作业时，尽量减少人为传播。另外加强检查，在当地蚜虫迁飞高峰期施药杀蚜防病。同时挖除病株，以防扩大传染。

图 93　姜病毒病病叶

322 如何防治生姜细菌性叶斑病？

该病在田间点片发生，主要危害叶片。成株叶片发病，初呈黄绿色不规则水浸状小斑点，扩大后变为红褐色或深褐色至铁锈色，病斑膜质，大小不等（图 94）。干燥时，病斑多呈红褐色。该病扩展速度很快，一株上个别叶片或多数叶片发病，植株仍可生长，严重的叶片大部分脱落。细菌性叶斑病病健交界处明显，但不隆起，别于疮痂病。

图 94　姜细菌性叶斑病病叶

防治方法：一是勿与甜（辣）椒等茄科蔬菜、白菜等十字花科蔬菜实行轮作。二

是平整土地，北方宜采用垄作，南方采用高厢深沟栽植。雨后及时排水，防止积水，避免大水漫灌。三是种子消毒，播前用种子重量0.3%的50%琥珀酸铜可湿性粉剂或50%敌克松可湿性粉剂拌种。四是收获后及时清除田间病残体或及时深翻。五是发病初期开始喷洒50%琥珀酸铜可湿性粉剂500倍稀释液或14%络氨铜水剂300倍稀释液或77%可杀得可湿性微粒粉剂400～500倍稀释液或72%农用硫酸链霉素可溶性粉剂或硫酸链霉素4 000倍稀释液，隔7～10天喷一次，连续防治2～3次。

323 如何防治生姜根结线虫病？

生姜根结线虫病俗称生姜癞皮病。生姜自苗期至成株期均能发病，发病植株在根部和根茎部均可产生大小不等的瘤状根结，根结一般为豆粒大小，有时连接成串状，初为黄白色突起，以后逐渐变为褐色，呈疱疹状破裂、腐烂。由于根部受害，吸收机能受到影响，生长缓慢、叶小、叶色暗绿、茎矮、分枝小，自7月上中旬开始即可显现出来，8月中下旬前后可比正常植株矮50%左右，但植株很少死亡。

防治方法：首先是选好种姜。选择无病害、无虫伤、肥大整齐、色泽光亮、姜肉鲜黄色的姜块作种姜。其次是合理轮作。与玉米、棉花、小麦进行轮作3～4年，减少土壤中线虫量。再次是土壤处理。在种植前2～3周将二溴乙烷、溴甲烷等药剂施于离土表13～20厘米土层中。最后是药剂防治。每667平方米用3%氯唑磷颗粒剂3～5千克或10%苯胺磷颗粒剂1.5千克，掺细土30千克撒施于种植沟内，与土壤掺匀；也可用1.8%阿维菌素乳油450～500毫升拌20～25千克细沙土，均匀撒于种植沟。

324 如何防治生姜螟虫？

姜螟又名钻心虫，食性很杂，除生姜外，还危害玉米、高粱、甘蔗等作物。幼虫孵化后2～3天后，便从叶稍与茎秆缝隙或心叶侵入，咬食嫩茎和叶片，使茎空心，叶片呈薄膜状，在伤处残留粪屑。生姜植株被螟虫咬食后，造成茎秆空心，水分及养分运输受阻，茎秆易于折断。

药剂防治方法：要在虫卵孵化高峰期，螟虫尚未钻入心叶蛀食之前，叶面喷施90%敌百虫800倍稀释液或2.5%溴氯氰菊酯乳油1 500倍稀释液或2.5%吡虫啉1 000倍稀释液等。

325 如何防治生姜田间甜菜夜蛾？

甜菜夜蛾俗称白菜褐夜蛾，隶属于鳞翅目夜蛾科，是一种世界性分布、间歇性大发生、以危害蔬菜为主的杂食性害虫，是生姜中后期的主要害虫，其幼虫对生姜的危害性最强。初龄幼虫群聚结网，在叶片背面取食叶肉，将叶片吃成空洞或缺刻，使叶片呈薄膜状，严重时整个叶片被咬食完。

药剂防治方法：选用不同的农药品种，适合卵孵高峰和初龄幼虫的品种，建议在防治适期的偏早时段防治，如10%虫螨腈悬浮剂1 000～1 500倍稀释液或5%氯虫苯甲酰胺悬浮剂1 000～1 300倍稀释液或2.2%甲氨基阿维菌素苯甲酸盐微乳剂2 000～3 000倍稀释液等喷雾。适合在防治适期偏后时段防治的药剂，如50克/升的虱螨脲乳油1 000～1 500倍稀释液或150克/升的茚虫威乳油1 500～3 000倍稀释液或240克/升的甲氧虫酰肼悬浮剂1 500～3 000倍稀释液等喷雾。要注意农药的合理交替使用，延缓害虫对农药产生抗药性，并注意各种农药的安全采收间隔期，降低农药残留。

如何防治姜蛆？

幼虫俗称姜蛆，姜蛆是生姜贮藏期的主要害虫，也能危害田间种姜，对生姜的产量和品质都有影响。该虫具有趋湿性和隐蔽性，初孵幼虫即蛀入生姜皮下取食。在生姜"圆头"处取食者，则以丝网粘连虫粪，碎屑覆盖其上，幼虫藏在里面。姜蛆对环境条件要求不严格，可周年发生。尤其到清明节气温回升时，危害加剧。田间调查姜被害率为20%～25%。

防治方法：精选种姜，发现被害种姜立即淘汰，或用1.8%爱福丁乳油1 000倍稀释液浸泡种姜5～10分钟，以杜绝害虫从姜窖内传至田间。生姜入窖前要彻底清扫姜窖，用阿维菌素喷施窖。

如何防治小地老虎？

小地老虎，又名土蚕、切根虫，经历卵、幼虫、蛹、成虫。年发生代数随各地气候不同而异，越往南年发生代数越多，以雨量充沛、气候湿润的长江中下游和东南沿海及北方的低洼内涝或灌区发生比较严重。在长江以南以蛹及幼虫越冬，适宜生存温度为15～25℃。

成虫具有强烈的趋化性，喜吸食糖蜜等带有酸甜味的汁液，作为补充营养，故可用糖醋液、黑光灯等诱杀成虫；也可在1～3龄幼虫期使用化学防治，可用90%敌百虫800倍稀释液喷雾。

生姜多种病虫害共同发生时该如何防治？

在环境条件波动较大年份，尤其阴雨时间较长，生姜种植中容易诱发多种病虫害，且为同一时期发生。通常可将生姜病虫害分为真菌病害、细菌病害、病毒病害和虫害。有效的防治是生姜高产栽培的前提，当不同类型病虫害共同发生时，须配

制复合制剂综合防治，既可有效降低劳务用工成本，又能高效防治各类病虫害。

一般真菌性病害可用30%恶霉灵混合甲霜灵喷施，细菌性病害则选用铜制剂。处理非地下虫害时，一般应在卵期开始防治，喷施阿维菌素或克螨特等杀卵。当真菌病害、细菌病害、虫害同时发生时，可将上述药剂混合后，直接喷施，每7天防治一次，连续防治3次左右，注意各种病害药物的交替使用。出现姜瘟病时，应及时挖除病株，并用生石灰进行消毒处理，防止病害在雨后蔓延。

329 怎样确定生姜收获时期？

老姜（又称鲜姜）采收期，应在姜的地上部植株开始枯黄，根茎组织充分膨大老熟后采收，一般在10月中下旬至11月初霜前进行，北方地区适当延迟收获可提高产量，这时采收的姜块产量高，辣味重，且耐贮运。种姜的采收期可与收获鲜姜一同进行，也可提前到6月下旬至7月上旬幼苗后期进行。嫩姜的采收期一般于9月至10月上旬植株旺盛生长期进行。

330 生姜收获时需要注意哪些事项？

老姜收获时，在收获前3～5天，浇一次水，使土壤湿润，等大田地表干燥后，选择晴天采收。采收时要用锹将整株挖出，抖落根茎上较大的泥土，保留鲜姜上带有的少量潮湿泥土，除去须根与肉质根，不用晾晒，可直接入窖贮藏。种姜提前采收时，要顺着种姜摆放的方向，用箭头形竹片或窄形铲刀将土层扒开，露出种姜后，左手压住姜苗不动，右手用竹片等轻轻将种姜拔出，并切断其与新姜的连接处，然后覆土封沟，再浇一次小水稳苗。嫩姜的采收可选择晴天同老姜采收方法一样直接挖收上市。

另外，生姜收获时不要造成机械损伤，保证其新鲜度；在采收前15天不要使用农药；刚采收的鲜姜，呼吸旺盛，易发热，贮藏初期应注意保持通风透气；采收不能过迟，当天采收的鲜姜不宜留在田间过夜，以免遭受冻害；鲜姜采收后，应严格挑选，剔除有病、有伤以及组织过嫩等不耐贮藏的。

331 生姜贮藏的方式有哪些？各有何特点？

（1）埋藏法。埋藏法可分为土埋法和沙埋法。在气温和地下水位较高的地方，用土埋法贮藏。埋藏坑的深度以不见水为原则，一般1米深，直径2米左右，上宽下窄，圆形或方形均可，坑的中央立一个10厘米左右的秸秆把，便于通风和测温。姜摆好后，表面先覆盖一层姜叶，再盖一层土，以后随气温下降分次盖土，盖土总厚度为55～60厘米，以保持堆内有适宜的贮温为原则。坑顶用稻草或秸秆做成圆尖顶防雨，四周设排水沟，北方设风障以防寒。入坑初期要注意通风散热，坑内温度控制在20℃左右。贮藏中期，姜堆逐渐下沉，要及时填土覆盖裂缝。贮藏期间要经常检查姜块有无变化，坑底不能积水。沙藏法是在仓库、地下室或空房子中挖一上宽下窄的方形或圆形埋藏坑，在坑中用沙土埋藏生姜的一种方法。埋藏坑大小一般要求深 80 ～ 100 厘米，宽 100 ～ 200 厘米，长度可根据贮藏场所的大小及贮藏量而定，坑壁用石头或砖头砌成。坑挖好后先在坑底铺一层厚约 5 厘米、含水量10%的左右湿沙，挑选质量上乘且经过愈伤后的姜块放入坑内，铺一层生姜铺一层湿沙，生姜厚度以 5 块为宜，每隔 50 厘米放一个通风筒，堆至离坑口约 5 厘米，直接用湿沙覆盖，不要使姜暴露于空气中，贮藏温度维持在 12 ～ 15℃。冬季温度过低时，上面可适当覆盖草帘，以防发生冷害。贮藏期要经常检查堆内温度的变化，并采用加厚或揭去覆盖物的方法加以调节，使贮藏环境保持相对稳定的温度和湿度，不要轻易翻堆。

（2）窖藏法。常用的贮藏窖有井窖（图 95）、棚窖、卧式窖、土窖等。可以采取窖内散堆、地面架床堆放、装筐码垛等形式。贮藏窖应选择在向阳避风、地势高燥、土质黏重、地下水位低且排水良好的地方。窖一般深 2.5 ～ 3.0 米，北方地区可深至6 ～ 7 米，自窖底向两侧挖 2 ～ 3 个贮藏室，洞口高宽各约 80 厘米，里面可两侧及上方扩大，高 1.5 ～ 2.0 米，宽 2.0 ～ 2.5 米，长度据贮藏量而定，底部向里地势逐步降低。姜窖建好后，应对窖内进行彻底的除湿和消毒，可在窖内放稻草大火烧窖，也可在窖内放入生石灰或用杀菌剂进行熏蒸消毒杀菌。在窖内离地面 3 厘米处用木条或竹竿架设姜床，可在床上放一些稻草。收获后鲜姜去掉泥土，在室温下晾3 ～ 5 天，待表皮失去一部分水分后将生姜分层堆放在姜床上，其上覆盖潮湿、洁净的河沙 15 ～ 30 厘米，姜堆不可太高太宽，如有条件可将姜床做成上下两层，堆内每隔 50 厘米放置通风装置。入窖初期，姜呼吸积热易升温，此时应及时通风换气，将多余热量散出，使其尽量稳定在 12℃左右。冬季气温降低，应注意窖内保温，防止姜块遭受冷害。在贮藏过程中要经常检查，以防姜块发生异常变化，窖内相对湿度控制在 85%～ 95%。

井窖示意图

井窖贮姜室

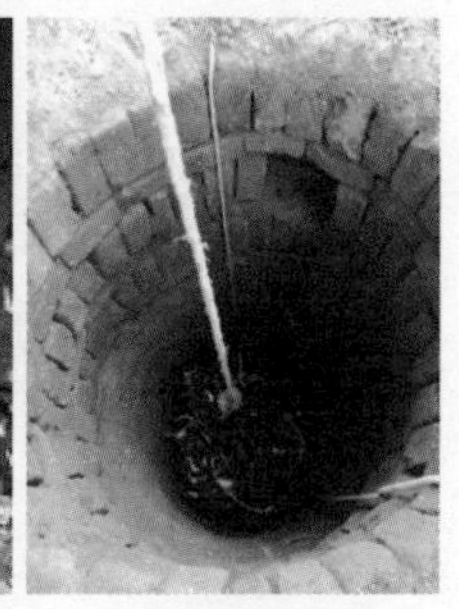

井窖口

图 95 井窖式贮藏

(3)室内贮藏法。在室内或仓库内靠干墙用砖块砌成姜池，姜池的大小根据贮藏量而定，一般为长方形。砌好后，将挑选好的生姜小心放入其中堆放，堆内均匀放置秸秆扎成的通气筒，上面用泥土或草帘或麻袋覆盖严实。窖内温度控制在15℃左右，温度过高，减少覆盖物并及时开窗通风降温；温度过低，可在室内生火或增加覆盖物保温。

(4)冷藏库贮藏。冷藏库由具有良好隔热保温效果的库房和制冷设备组成，二者结合可以不受外界气温的干扰和限制，保持较低且稳定的库温，为鲜姜贮藏保鲜提供理想的温度环境。采收的姜块经过挑选后入库，放在提前制作好的铁架上预冷24～48小时后，装入厚度为0.02～0.03毫米的无毒聚氯乙烯保鲜袋内，每袋容量不宜过大，一般在10～15千克。装袋时须轻拿轻放，以免擦伤表皮，造成机械伤害，影响外观。装袋后整齐地摆放在架上，将袋口轻挽，以防水分蒸发。库温控制在12～13℃，一般可贮藏6个月以上，鲜姜表皮颜色基本不变。

332 生姜的加工应用有哪些？

生姜含有多种营养和功能成分，具有较高的营养与保健价值，既是一种常用的调味品，又是一种重要的药食两用食物资源。生姜中含有精油、姜辣素、蛋白酶、姜酚、姜烯等多种对人体有效的功能成分，其不仅具有浓郁的香气和独特的风味，而且拥有多种保健和药用价值。生姜的加工主要应用在食品上，作为调味剂、抗氧化剂、护色剂、保鲜剂、防腐剂、肉类嫩化剂、酒类澄清剂和凝乳剂等，用于多种食品的加工。如将其加工制作成脱水姜片、干姜片、腌制姜、调味姜粉、姜(丝)辣酱以及各种姜味饮料、姜糖、饼干和姜油等。

参考文献

[1] Allen C，Baer D，Banville G J，et al. Compendium of Potato Diseases[M]. 2nd edition. American Phytopathological Society Press，2001.

[2] 湖北恩施中国南方马铃薯研究中心. 西南山区马铃薯栽培技术[M]. 北京：中国农业出版社，2005.

[3] 邹奎，金黎平. 马铃薯安全生产技术指南[M]. 北京：中国农业出版社，2012.

[4] 高广金，李求文. 马铃薯主粮化产业开发技术[M]. 武汉：湖北科学技术出版社，2016.

[5] 张远学，田恒林，沈艳芬，等. 恩施州马铃薯产地储藏范围及储藏技术分析：马铃薯产业与农村区域发展[C]. 哈尔滨：哈尔滨地图出版社，2013.

[6] 王晓燕，刘连荣. 马铃薯全程机械化栽培技术[J]. 农业科技，2014(6)：19-20.

[7] 张远学，沈艳芬，田恒林，等. 恩施州山区马铃薯全压膜栽培技术：马铃薯产业与农村区域发展 [C]. 哈尔滨：哈尔滨地图出版社，2013.

[8] 张明，陈芝伦. 稻田免耕稻草覆盖种植秋马铃薯技术[J]. 作物杂志，2006，1(9)：42-44.

[9] 赵德群，邓士杰. 秋马铃薯栽培技术[J]. 现代农业科技，2007(16)：41.

[10] 张远学，田恒林，沈艳芬，等. 西南山区马铃薯储藏技术[J]. 农业科技通讯，2014(4)：227-228.

[11] 赵萍，巩慧玲，赵瑛，等. 不同品种马铃薯贮藏期间干物质与淀粉含量之间的关系[J]. 食品科学，2004，25(11)：103-105.

[12] 范美荣. 鲜切淮山加工工艺及保鲜技术的研究[D]. 福州：福建农林大学，2011.

[13] 屠琼芳. 不同贮藏方式下山药生理特性和品质变化及鲜切山药保鲜效果的研究[D]. 郑州：河南农业大学，2009.

[14] 赵冰. 薯芋类蔬菜高产优质栽培技术[M]. 北京：中国林业出版社，2000.

[15] 李明军. 提高山药商品性栽培技术问答[M]. 北京：金盾出版社，2013.

[16] 满昌伟，赵立宏，孙凯丽，等. 八种紫色特种蔬菜高效栽培技术[M]. 北京：化学工业出版社，2014.

[17] 符彦君，刘伟，单吉星. 有机蔬菜高效种植技术宝典[M]. 北京：化学工业出版社，2014.

[18] 吴志行. 薯芋类精品蔬菜[M]. 南京：江苏科学技术出版社，2004.

[19] 胡庆华，杨占国. 山药无公害栽培与加工技术[M]. 北京：科学技术文献出版社，2011.

[20] 农业部农民科技教育培训中心，中央农业广播电视学校. 现代薯蓣类蔬菜产业技术 [M]. 北京：中国农业大学出版社，2011.

[21] 赵冰. 山药栽培新技术[M]. 北京：金盾出版社，2010.

[22] 边宝林，常鸿. 山药专论[M]. 北京：中医古籍出版社，2013.

[23] 巩庆平，程广，袁良敏. 山药标准化栽培技术[M]. 北京：中国农业出版社，2004.
[24] 石正太，赵振安，李杜. 关于山药栽子繁育若干技术问题的研究[J]. 种子科技，1996(1)：31-32.
[25] 黄文华. 山药块茎畸形原因及克服方法[J]. 农业科技通讯，1993(8)：20.
[26] 王文庆. 平遥长山药连作障碍机理研究及其防治对策[D]. 太原：山西大学，2011.
[27] 刘志恒，王英姿，关天舒，等. 薯芋类蔬菜病虫害诊治[M]. 北京：中国农业出版社，2003.
[28] 刘芹，孙敦恒. 山药根茎瘤病及其防治[J]. 安徽农学通报，2009，15(24)：77.
[29] 王江涛. 如何防治山药红斑病[J]. 山西农业：致富科技，2003(9)：25-26.
[30] 吕佩珂，苏慧兰，李秀英. 葱姜蒜薯芋类蔬菜病虫害诊治原色图鉴[M]. 北京：化学工业出版社，2013.
[31] 黄东益，黄小龙. 山药种质资源描述和数据质量控制规范[M]. 北京：科学出版社，2013.
[32] 江苏省农业科学院，山东省农业科学院. 中国甘薯栽培学[M]. 上海：上海科学技术出版社，1984.
[33] 陆漱韵，刘庆昌，李惟基. 甘薯育种学[M]. 北京：中国农业出版社，1998.
[34] 张立明，王庆美，王荫墀. 甘薯的主要营养成分和保健作用[J]. 杂粮作物，2003，23(3)：162-166.
[35] 张超凡. 甘薯高产栽培技术——农村实用技术培训教程[M]. 长沙：中南大学出版社，2004.
[36] 毛志善，高东. 甘薯优质高产栽培与加工[M]. 北京：中国农业出版社，2004.
[37] 李艳芝，姚文华，苏文瑾，等. 恩施州甘薯产业发展的现状分析与对策[J]. 湖北农业科学，2014，53(24)：5950-6053.
[38] 米谷，薛文通，陈明海，等. 我国甘薯的分布、特点与资源利用[J]. 食品工业科技，2008(6)：324-326.
[39] 李明福，徐宁生，陈恩波，等. 不同栽插方式对甘薯生长和产量的影响[J]. 广东农业科学，2011，38(6)：32-33.
[40] 肖利贞，王裕欣. 甘薯栽插技术[J]. 农村新技术，2015(8)：7-9.
[41] 王宏，何琼. 甘薯优质高产种植关键环节及主要集成技术[J]. 四川农业科技，2011(9)：18-20.
[42] 陈功楷. 优质高产甘薯新品种引选与栽培技术研究[D]. 南京：南京农业大学，2009.
[43] 于千桂. 甘薯安全贮藏的关键技术[J]. 蔬菜，2008(10)：24-25.
[44] 张晓申，王慧瑜，李晓青. 甘薯的收获和安全贮藏技术[J]. 陕西农业科学，2009(6)：236-239.
[45] 殷宏阁. 甘薯病虫害综合防控技术[J]. 河北农业，2015(5)：22-23.
[46] 郭小浩. 甘薯窖藏技术及病害防治措施研究[J]. 安徽农业科学，2015，43(4)：146-147.
[47] 孙清山. 甘薯两种虫害的发生及防治[J]. 吉林农业，2013(12)：14.
[48] 邱文忠，蔡少强. 甘薯小象甲的发生为害及综合防治[J]. 现代农业科技，2008(20)：130-131.
[49] 黄立飞，黄实辉，房伯平，等. 甘薯小象甲的防治研究进展[J]. 广东农业科学，2011(增刊)77-79.
[50] 李国强. 甘薯主要病虫害防治技术[J]. 现代农村科技，2014(3)：28-29.
[51] 张勇跃. 甘薯主要病害的防治技术研究[D]. 杨凌：西北农林科技大学，2007.
[52] 张振芳，王海宁. 甘薯地下害虫防治[J]. 西北园艺，2016(1)：41-42.
[53] 王海宁，高琪，张伟. 甘薯地下害虫防治技术[J]. 陕西农业科学，2014，60(7)：121-122.

[54] 杜鑫，林波. 几种甘薯常见病虫害的识别与防治[J]. 吉林农业，2014(11)：82.

[55] 张红芳.薯田常见蛾类的虫害及其防治[J]. 现代畜牧科技，2012(11)：234.

[56] 连喜军，李洁，王昽，等. 不同品种甘薯常温贮藏期间呼吸强度变化规律[J]. 农业工程学报，2009，25(6)：310-312.

[57] 连喜军，王昽，李洁. 不同因素对甘薯呼吸强度影响[J]. 粮食流通技术，2008(1)：37-39.

[58] 张瑞霞. 防治甘薯烂窖的贮存方法[J]. 农民致富之友，2013(20)：117.

[59] 王燕华. 甘薯安全储藏技术[J]. 现代农业科技，2008(15)：262.

[60] 陈香艳，崔晓梅，魏萍，等. 甘薯安全贮藏及高效生态栽培管理技术[J]. 中国种业，2012(5)：69-70.

[61] 张有林，张润光，王鑫腾. 甘薯采后生理、主要病害及贮藏技术研究[J]. 中国农业科学，2014，47(3)：553-563.

[62] 孙照，李新生，徐皓，等. 甘薯采后生理及贮藏保鲜技术研究进展[J]. 现代食品，2016，3(6)：49-50.

[63] 吕美芳. 甘薯储藏方法[J]. 河北农业，2015(11)：7.

[64] 钱蕾. 甘薯的收获与安全贮藏技术[J]. 农业开发与设备，2016(7)：139-140.

[65] 刘勇，李丽，张丽威. 甘薯的收获与贮藏[J]. 新农业，2009(10)：15.

[66] 孙爱芹，周雪梅. 甘薯的贮藏及栽培管理技术[J]. 农技服务，2008，25(3)：13.

[67] 涂刚，何丽，涂晓娅. 甘薯贮藏烂薯原因调查及其解决途径[J]. 农业科技通讯，2011(2)：106-108.

[68] 黎英，陈文毅，黄振军，等. 低糖、松软、无添加红薯脯工艺的研究[J]. 食品工业，2014，35(12)：107-111.

[69] 农业大词典编辑委员会. 农业大词典[M]. 北京：中国农业出版社，1998.

[70] 中国农业百科全书总编辑委员会农作物卷编辑委员会，中国农业百科全书编辑部. 中国农业百科全书 · 农作物卷下[M]. 北京：中国农业出版社，1991.

[71] 姜邦柱. 小麦、苞谷、红薯间作套种的栽培技术[J]. 湖南省作家学会会刊，1985，(Z1)：57-59.

[72] 夏凤英，李政一，杨阳. 南京市郊设施蔬菜重金属含量及健康风险分析[J]. 环境科学与技术，2011，34(2)：183-187.

[73] 张树河，李海明，李和平，等. 木薯套种菜用甘薯栽培模式探讨[J]. 福建农业科技，2013(7)：39-41.

[74] 朱林耀，宋朝阳，龚伟，等. 春苦瓜套种菜用甘薯—冬莴苣高效栽培模式[J]. 湖北农业科学，2012，51(16)：3501-3504.

[75] 施颖，秦广建. 春马铃薯—甘薯＋玉米—大蒜三熟四收栽培技术[J]. 现代农业科技，2009(4)：59.

[76] 王小春，杨文钰，邓小燕，等. 玉米/大豆和玉米/甘薯模式下玉米干物质积累与分配差异及氮肥的调控效应[J]. 植物营养与肥料学报，2015，21(1)：46-57.

[77] 中国农业科学院烟草研究所. 中国烟草栽培学[M]. 上海：上海科学技术出版社，1987.

[78] 田峰，蒋才军，陈治锋，等. 烟薯不同套作时期对烤烟影响及综合效应的研究初报[J]. 湖南烟草，2009(增刊 1)：245-251.

[79] 黄新芳，柯卫东，孙亚林. 优质芋头高产高效栽培[M]. 北京：中国农业出版社，2016.
[80] 赵霖. 吃芋头能防乳腺增生[N]. 健康时报，2008-01-17(004).
[81] 李雅臣，李德玉，吴寿金. 芋头化学成分的研究(Ⅱ)[J]. 中草药，1996(2):78.
[82] 陈学荣，刘荣甫，戴永发，等. 不同药剂对芋头地下害虫的防治效果[J]. 安徽农业科学，2014，42(3)：760-761.
[83] 冯东萍. 草莓—玉米—芋头高效栽培模式[J]. 上海蔬菜，2009(6)：39.
[84] 黄新芳，刘玉平，柯卫东，等. 早中熟芋新品种鄂芋1号的选育[J]. 长江蔬菜，2011(16)：55-56.
[85] 严晓艳，刘大恩. 红芽芋优质高产栽培技术[J]. 广西农业科学，2004，35(5)：430-431.
[86] 毕建水，郭征华，孙旭辉，等. 莱阳芋头高效栽培技术[J]. 上海蔬菜，2003(2)：32-33.
[87] 刘忠堂. 荔浦芋头栽培技术[J]. 基层农技推广，2015(7)：92.
[88] 郭振东. 如何防止刮芋头手痒[J]. 农村经济与技术，1996(3)：47.
[89] 张赫. 三种芋头产品的加工技术[J]. 农家顾问，2015(9)：56.
[90] 刘迎新，张磊，邹辉. 山东莱阳毛芋头栽培技术[J]. 中国种业，2003(10)：62.
[91] 黄玉俏，梁海孙. 山区红芽芋高产栽培技术[J]. 广西农学报，2013，28(2)：65-66.
[92] 韦崇云. 速冻芋头的生产工艺及产品品质控制[J]. 科技风，2013(21)：58，63.
[93] 林丛发，郭慧慧，蒋元斌，等. 芋炭疽病综合防治技术[J]. 闽东农业科技，2017(1)：2-3.
[94] 刘明军，冯国民，万兴华. 芋头(中稻)—红菜薹栽培模式[J]. 长江蔬菜，2002(1)：23.
[95] 吴通礼. 芋头常见病害的识别及综合防治技术[J]. 江西农业，2012(3)：40-41.
[96] 李惠明. 芋头的四种经典吃法[N]. 健康时报，2009-04-27(004).
[97] 杨少波. 芋头主要病害及防治[J]. 农家之友，1999(12)：26.
[98] 王桂华. 芋瘟的发生与综合防治措施[J]. 福建农业科技，2012(10)：45-46.
[99] 何永梅，夏日红. 芋污斑病的识别与防治[J]. 农药市场信息，2010(15)：45.
[100] 蒋高松，RAMSDEN L，CORKE H. 芋头在加工食品中的应用[J]. 中国食品工业，1998(12)：15.
[101] 刘冰江，高莉敏，王伟. 生姜栽培答疑[M]. 济南：山东科学技术出版社，2012.
[102] 董伟，张立平. 蔬菜病虫害诊断与防治彩色图谱[M]. 北京：中国农业科学技术出版社，2012.
[103] 郑阳霞. 大蒜·生姜栽培技术一点通[M]. 成都：四川科学技术出版社，2009.
[104] 杨力，张民，万连步. 大蒜、姜优质高效栽培[M]. 济南：山东科学技术出版社，2009.
[105] 张振贤. 蔬菜栽培学[M]. 北京：中国农业大学出版社，2003.
[106] 程智慧. 蔬菜栽培学各论[M]. 北京：科学出版社，2010.
[107] 朱丹实，刘仁斌，杜伟，等. 生姜成分差异及采后贮藏保鲜技术研究进展[J]. 食品工业科技，2015，36(17)：375-378.
[108] 秦继伟. 生姜贮藏技术[J]. 蔬菜，2010(3)：23.
[109] 李大峰，贾冬英，姚开，等. 生姜及其提取物在食品加工中的应用[J].中国调味品，2011，36(2)：20-23.
[110] 张骏龙，时彩云，冯叙桥，等. 生姜在饮品加工中的应用进展[J]. 食品与发酵工业，2016，42(7):269-276.